U0347421

西部地区生态文明建设与经济发展关系研究

XIBU DIQU SHENGTAI WENMING JIANSHE
YU JINGJI FAZHAN GUANXI YANJIU

李浩淼　编著

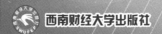

西南财经大学出版社

图书在版编目(CIP)数据

西部地区生态文明建设与经济发展关系研究/李浩淼编著.—成都:西南财经大学出版社,2013.8
ISBN 978 - 7 - 5504 - 1140 - 1

Ⅰ.①西…　Ⅱ.①李…　Ⅲ.①生态文明—建设—关系—区域经济发展—研究—西北地区②生态文明—建设—关系—区域经济发展—研究—西南地区　Ⅳ.①X321.2②F127

中国版本图书馆 CIP 数据核字(2013)第 163673 号

西部地区生态文明建设与经济发展关系研究
李浩淼　编著

责任编辑:孙　婧
封面设计:墨创文化
责任印制:封俊川

出版发行	西南财经大学出版社(四川省成都市光华村街55号)
网　　址	http://www.bookcj.com
电子邮件	bookcj@foxmail.com
邮政编码	610074
电　　话	028 - 87353785　87352368
照　　排	四川胜翔数码印务设计有限公司
印　　刷	郫县犀浦印刷厂
成品尺寸	148mm × 210mm
印　　张	4.875
字　　数	120 千字
版　　次	2013 年 8 月第 1 版
印　　次	2013 年 8 月第 1 次印刷
书　　号	ISBN 978 - 7 - 5504 - 1140 - 1
定　　价	20.00 元

前言

　　改革开放30多年的快速发展让我们收获了丰硕的经济成果，也让我们付出了沉重的资源环境代价，我国正面临资源约束趋紧、环境污染严重、生态系统退化的严峻形势。我国的单位国内生产总值能耗仍是世界平均水平的2倍以上，全国地表水水质总体为轻度污染，地下水污染、土壤重金属污染等深层次污染问题不断暴露，农村环境问题同样堪忧。

　　鉴于此，党的十七大第一次明确提出把"建设生态文明"作为全面建设小康社会的奋斗目标，强调要在全社会牢固树立生态文明观念。这反映了党和政府对于生态文明建设的高度重视，表达了广大人民群众分享生态文明建设成果的迫切愿望，必将对发展中国特色社会主义事业产生重大影响。

　　本书就是在这样的背景下诞生的。本书共分五章，分别是：第一章，生态文明；第二章，西部地区特征；第三章，西部地区生态文明建设中的生态旅游建设；第四章，西部地区生态文明建设中的农村生态文明建设；第五章，西部地区生态文明建设中的城市生态文明建设。

本书在写作过程中，得到了众多朋友的支持与帮助，在这里，笔者表示衷心的感谢！同时，由于时间仓促，书中疏漏之处在所难免，恳请广大读者批评、指正。

李浩淼

2013 年 3 月

目　录

第一章　生态文明

第一节　生态文明的概念

文明是人类文化发展的成果，是人类改造世界的物质和精神成果的总和，也是人类社会进步的象征。在漫长的人类历史长河中，人类文明经历了三个阶段。第一阶段是原始文明。这一阶段约在石器时代，人们必须依赖集体的力量才能生存，物质生产活动主要靠简单的采集渔猎，为时上百万年。第二阶段是农业文明。铁器的出现使人改变自然的能力产生了质的飞跃，为时一万年。第三阶段是工业文明。18 世纪英国工业革命开启了人类现代化生活，为时三百年。从要素上分，文明的主体是人，体现为改造自然和反省自身，如物质文明和精神文明；从时间上分，文明具有阶段性，如农业文明与工业文明；从空间上分，文明具有多元性，如非洲文明与印度文明。

人类对于文明的认识是一个长期的历史过程。按照马克思主义的观点，文明是相对于野蛮而言的。从社会形态的角度看，迄今为止人类已经经历了奴隶文明、封建（中世纪）文明、资本主义文明、社会主义文明；从生产方式的角度看，人类又经历了农业文明、工业文明等。但从生产方式角度看的以往的文明，其着眼点主要是物质，是物质生产能力的提高、人类物质生活的改善。这当然没有什么不对。因为在生产力水平很低或比较低的情况下，人类对物质生活的追求总是占第一位的，所谓"物质中心"的观念也是很自然的。然而，随着生产力的巨大发展，人类物质生活水平的提高，特别是工业文明造成的环境污染、资源破坏、沙漠化、"城市病"等全球性问题的产生和发展，人类越来越深刻地认识到：物质生活的提高是必要的，但不能忽视精神生活；发展生产力是必要的，但不能破坏生态；不能一味地向自然索取，而必须保护生态平衡。

在我们看到 20 世纪科学技术的飞速发展把人类带入前所未有的物质文明的同时，也给人类环境带来深重的灾难，威胁到人类的生存与发展。"前事不忘，后事之师"，现在，一个可喜的现象就是人类在开始认识自然规律，并为此采取了一系列积极行动，一场由环境保护引发的绿色变革，正在全球以迅猛的势头向前推进。这场变革将冲破旧的观念，促使人类师法自然，建立新的秩序，重塑人类的生活，创造人类新的文明。

2007 年党的十七大报告提出："要建设生态文明，基本形成节约能源资源和保护生态环境的产业结构、增长方式、消费模式。循环经济形成较大规模，可再生能源比重显著上升。生态文明观念在全社会牢固树立。"党的十八大报告更是以"大力推进生态文明建设"为题，独立成篇地系统论述了生态文明建设，将生态文明建设提高到一个前所未有的高度。建设生态文明，是关系人民福祉、关乎民族未来的长远大计。面对资源约束趋紧、环境污染严重、生态系统退化的严峻形势，必须树立尊重自然、顺应自然、保护自然的生态文明理念，把生态文明建设放在突出地位，融入经济建设、政治建设、文化建设、社会建设各方面和全过程，努力建设美丽中国，实现中华民族永续发展。

"生态"一词最早源于古希腊语，意为房屋或环境，19世纪中叶以来被更多地赋予了现代科学意义，意指自然界诸主体、诸系统之间错综复杂的相互关系，亦即自然生态。自然生态有着自在自为的发展规律。人类社会改变了这种规律，把自然生态纳入人类可以改造的范围之内，这就形成了文明。生态文明，是指人类遵循人、自然、社会和谐发展这一客观规律而取得的物质与精神成果的总和；是指人与自然、人与人、人与社会和谐共生、良性循环、全面发展、持续繁荣为基本宗旨的文化伦理形态。在当代，生态文明作为人类文明的一种新形式，不仅有利于优化经济建设，进一步平衡人与自然之间的关系，而且有利于缓解当前社会矛盾，改善我们的生活环境。

生态文明是人类文明的一种形态，它以尊重和维护自然为前提，以人与人、人与自然、人与社会和谐共生为宗旨，以建立可持续的生产方式和消费方式为内涵，以引导人们走上持续、和谐的发展道路为着眼点。生态文明在刘惊铎的《生态体验论》中定义为从自然生态、类生态和内生态之三重生态圆融互摄的意义上反思人类的生存发展过程，系统思考和建构人类的生存方式。生态文明强调人的自觉与自律，强调人与自然环境的相互依存、相互促进、共处共融，既追求人与生态的和谐，也追求人与人的和谐，而且人与人的和谐是人与自然和谐的前提。生态文明同以往的农业文明、工业文明具有相同点，那就是它们都主张在改造自然的过程中提高物质生产力，不断提高人的物质生活水平。但它们之间也有着明显的不同点，即生态文明突出生态的重要性，强调尊重和保护环境，强调人类在改造自然的同时必须尊重和爱护自然，而不能随心所欲、盲目蛮干、为所欲为。很显然，生态文明同物质文明与精神文明既有联系又有区别。说它们有联系，是因为生态文明既包含物质文明的内容，又包含精神文明的内容。生态文明并不是要求人们消极地对待自然，在自然面前无所作为，而是在把握自然规律的基础上积极地、能动地利用自然，改造自然，使之更好地为人类服务。在这一点上，它与物质文明是一致的。而生态文明要求人类要尊重和爱护自然，将人类的生活建设得更加美好；人类要自觉、自律，树立生态观念，约束自己的行动。在这一点上，它又是与精神文明相一致的，毋宁说它本身就是精神文明的重要组成部分。说它们有区别，则是指生态文明的内容无论是物质文明还是精神文明都不能完全包容，也就是说，生态文明具有相对的独立性。总体来说，生态文明是人类对传统文明形态特别是工业文明进行深刻反思的成果，是人类文明形态和文明发展理念、道路和模式的重大进步。

第二节 生态文明建设的含义

十八大报告不仅在第一部分、第二部分、第三部分分别论述了生态文明建设的重大成就、重要地位、重要目标，而且在第八部分用整整一个部分的宏大篇幅，全面深刻论述了生态文明建设的各方面内容，从而完整描绘了今后相当长一个时期我国生态文明建设的宏伟蓝图。报告明确指出生态文明建设是关系人民福祉、关乎民族未来的长远大计，要求把生态文明建设放在突出地位，融入经济建设、政治建设、文化建设、社会建设的各方面和全过程。这昭示了生态文明建设是我国今后发展的重要方向、重点领域和重大任务。

一、生态文明建设是历史发展的必然选择

生态文明建设是我国实施新型工业化战略的必然选择。改革开放以来，我国进入快速工业化阶段，人民物质文化生活水

平显著提高，成为世界第二大经济体和最具活力经济体之一。然而，我国工业化水平还有很大提升空间，2010年工业化指数不到60，距离完成工业化还有40%的路程。工业化质量差、效率低的问题还比较突出，高投入、高消耗、高污染和不平衡、不协调、不可持续的问题日益显现，资源短缺、环境污染和生态破坏问题成为可持续发展的瓶颈。生态文明建设是我国转变发展方式、调整经济结构、节约利用资源、保护生态环境的重要基础，是实现传统工业化向新型工业化转变的必然选择。生态文明建设是我国步入中等收入发展阶段的必然选择。2011年我国人均国内生产总值（GDP）达到5 432美元，成为中等偏上收入国家。国际经验表明，一个国家或地区进入中等收入阶段后，一般应更注重经济增长与资源环境生态的协调。

二、生态文明建设具有丰富的科学内涵

生态文明是现代人类文明的重要组成部分。生态文明，是认识自然、尊重自然、顺应自然、保护自然、合理利用自然，反对漠视自然、糟践自然、滥用自然和盲目干预自然，人类与自然和谐相处的文明。生态文明建设，本着为当代人和后代人均衡负责的宗旨，转变生产方式、生活方式和消费模式，节约和合理利用自然资源，保护和改善自然环境，修复和建设生态系统，为国家和民族的永续生存和发展保留和创造坚实的自然物质基础。生态文明建设与经济建设、社会建设、政治建设和文化建设五位一体、相辅相成。生态文明建设须贯穿经济建设、社会建设、政治建设和文化建设的各方面和全过程。大力推进生态文明建设，建设好我们共有的美好家园，是全面建成小康社会的重要内容和重要标志。

资源节约是生态文明建设的重中之重。资源短缺的基本国情和非安全因素增加的基本态势，决定了我国在发展中必须高度重视资源节约和保护。环境保护是生态文明建设的关键所在。日益严峻的环境形势和日益强烈的公民环境意识，决定了我国在发展中必须高度重视环境保护和治理。生态保育是生态文明建设的希望所在。生态保育既包括生态系统的保护和修复，也包括生态服务的提高和完善。严重退化、巨额赤字的严峻生态现实，决定了我国在发展中必须高度重视生态保育和建设。

三、生态文明建设须以科学规划作指导

生态文明建设是一项科学而严肃的系统工程，是一个长期性、战略性、持续性进程，必须以科学规划为指导。生态文明建设须严格执行国土空间和资源环境生态规划；严格实施主体功能区规划，根据重点开发区、优化开发区、限制开发区和禁止开发区的功能定位及配套政策，优化区域功能配置和定位，区域差异化地推进生态文明建设；严格实施水资源规划、土地利用规划、能源规划、环境保护规划和生态建设规划等专项规划，生态文明建设须研究编制生态文明建设规划。从生态文明建设的科学性、长期性、战略性、系统性的特点和要求出发，研究编制生态文明建设规划，以规划指导生态文明建设。生态文明建设规划，须科学分析生态文明建设的基础和条件、优势和劣势、前景和风险，科学确认生态文明建设的原则和目标、路径和模式，科学界定生态文明建设的重点领域和重点区域，科学把握生态文明建设的关键环节和重点措施。

四、生态文明建设须以制度创新为保障

制度创新是生态文明建设的重要保障。十七大以来，我国生态文明建设取得了长足进步，但与生态文明建设的要求和目标相比，现行资源、环境、生态及国土（管理）制度有诸多问题和缺陷。为此，迫切需要加大制度创新力度，以保障生态文

明建设的持续、有序、健康、有效地推进。以资源节约为核心目标推进自然资源制度创新。加快资源价格形成机制改革，以反映资源稀缺程度、市场供求关系、环境污染代价、生产安全成本。加快资源产权制度改革，建立边界清晰、权能健全、流转顺畅的资源产权制度。加快资源税费制度创新，以资源保护和节约为宗旨，优化资源税费结构设计，调整水资源费、矿产资源补偿费、耕地征占补偿费的标准。改革资源管理体制，推进形成资源一体化管理体制，强化各级地方政府的资源管理权责。以提高环境质量为核心目标推进环保制度创新。改进环境评价制度（以下简称"环评"），系统开展建设项目、专项规划、发展战略等层次的环评；提高环评的独立性、客观性、公正性；严格环评的公示和听证，充分发挥社会对环评的监督作用。建立健全污染者付费制度，严格排污者问责、付费制度。改进环境信息公开制度，扩大环境信息，特别是公共环境信息的发布范围，完善环境信息发布机制；完善环境信息依法申请公开制度，积极应对公众环境意识提高态势；建立健全环境舆论预警机制和环境事件应急处理机制。以增强生态服务功能为核心目标推进生态制度创新。建立健全生态补偿制度，加快制定和实施生态补偿条例，健全生态补偿财政转移支付制度；引导社会资金投资生态建设，探索建立多元化的生态投入保障机制。建立健全生态修复治理制度，在重点生态修复区域真正落实封禁制度；积极实施生态修复保证金制度，落实生态修复治理的责任；建立健全生态修复重点工程的财政投入长效机制。以规范、优化国土空间为核心目标推进国土规制创新。加快全国国土规划纲要编制进程，认真实施主体功能区规划，加强国土功能区的规制；建立健全国土开发的规范和标准，严格禁止方向有误、强度不当的国土开发活动；建立健全国土保护的标准和规范，鼓励和支持国土保护的各类有益行为；建立健全国土整治的标准和规范，鼓励、支持和科学指导国土整治的各项有益行动。

五、生态文明建设须扎实、有序地推进

生态文明建设任重道远，面对的问题和挑战、需求和压力、不确定性和风险等都是多方面的。生态文明建设，决不能好高骛远、轻举妄动，也不能缩手缩脚、迟滞不前，须坚定信心，科学、规范、扎实、有序地推进。建立健全生态文明建设的社会动员和参与机制。充分利用各类媒体，全面客观介绍资源、环境、生态国情以及资源、环境、生态破坏严重后果，加强生态文明理念教育，提高公众对于生态文明建设的认知度、认同感、参与度。创新公众参与方式和渠道，使广大公民参与生态文明建设的各领域、各方面、各环节。高度重视和发挥非政府组织在生态文明建设中的积极作用。建立健全生态文明建设的一体化管理服务体制。加强国土、环保、水利、农业、林业等部门间的协调，协力推进生态文明建设。修改、完善和制定生态文明建设相关法律法规。加快资源、环境、生态法律法规的修改进程，重点修改完善《中华人民共和国土地管理法》（重点是明确耕地保护的责权利）、《中华人民共和国水法》（以下简称《水法》）（重点是明确最严格水资源管理制度的法律依据）等相关法律。积极推进自然资源综合立法进程。围绕重点领域扎实推进生态文明建设各项工作。认真落实最严格耕地保护制度，提高耕地保护实际效果；认真落实最严格水资源管理制度，落实"总量红线""效率红线"和"纳污红线"；认真落实最严格环境保护制度，进一步加大环境评价力度和排污惩罚力度。探索实施国土资源规制，以科学、规范的手段管理好、保护好、利用好国土资源。进一步加快产业升级、结构调整，大力发展绿色经济、循环经济、低碳经济，在转变经济发展方式方面取得显著进展。

下面我们结合十八大报告，从十个方面阐述生态文明建设的含义。

（1）重要地位。关于生态文明建设的重要地位，十八大报告在第二部分"夺取中国特色社会主义新胜利"中明确指出："建设中国特色社会主义，总依据是社会主义初级阶段，总布局是五位一体，总任务是实现社会主义现代化和中华民族伟大复兴。"将生态文明建设与经济建设、政治建设、文化建设、社会建设相并列，形成建设中国特色社会主义五位一体的总布局。

（2）重大意义。关于生态文明建设的重大意义，十八大报告在第八部分的第一句话，就开宗明义地指出："建设生态文明，是关系人民福祉、关乎民族未来的长远大计。"

（3）严峻形势。关于生态文明建设面临的严峻形势，十八大报告在第八部分强调："面对资源约束趋紧、环境污染严重、生态系统退化的严峻形势。"即生态文明建设的背景包括三个方面：一是资源约束趋紧，二是环境污染严重，三是生态系统退化。

（4）思想理念。关于生态文明建设的思想理念，十八大报告强调指出："必须树立尊重自然、顺应自然、保护自然的生态文明理念。"我们要努力形成人与自然和谐相处的思想观念。

（5）本质特征。关于生态文明建设的本质特征，十八大报告强调："把生态文明建设放在突出地位，融入经济建设、政治建设、文化建设、社会建设各方面和全过程。"由此，生态文明建设不但要做好其本身的生态建设、环境保护、资源节约等，更重要的是要放在突出地位，融入经济建设、政治建设、文化建设、社会建设各方面和全过程。这就意味着生态文明建设既与经济建设、政治建设、文化建设、社会建设相并列而形成五大建设，又要在经济建设、政治建设、文化建设、社会建设过程中融入生态文明理念、观点、方法。

（6）政策方针。关于生态文明建设的政策方针，十八大报告要求："坚持节约资源和保护环境的基本国策，坚持节约优先、保护优先、自然恢复为主的方针。"

（7）途径方式。关于生态文明建设的途径方式，十八大报告强调："着力推进绿色发展、循环发展、低碳发展。"

（8）重要目标。关于生态文明建设的重要目标，十八大报告第三部分"全面建成小康社会和全面深化改革开放的目标"中指出："资源节约型、环境友好型社会建设取得重大进展。主体功能区布局基本形成，资源循环利用体系初步建立。单位国内生产总值能源消耗和二氧化碳排放大幅下降，主要污染物排放总量显著减少。森林覆盖率提高，生态系统稳定性增强，人居环境明显改善。"十八大报告第八部分强调："形成节约资源和保护环境的空间格局、产业结构、生产方式、生活方式。"

（9）战略任务。关于生态文明建设的战略任务，十八大报告第八部分提出了优、节、保、建四大战略任务。

一是优：优化国土空间开发格局。要按照人口资源环境相均衡、经济社会生态效益相统一的原则，控制开发强度，调整空间结构，促进生产空间集约高效、生活空间宜居适度、生态空间山清水秀，给自然留下更多修复空间，给农业留下更多良田，给子孙后代留下天蓝、地绿、水净的美好家园。加快实施主体功能区战略，推动各地区严格按照主体功能定位发展，构建科学、合理的城市化格局、农业发展格局、生态安全格局。提高海洋资源开发能力，坚决维护国家海洋权益，建设海洋强国。

二是节：全面促进资源节约。要节约资源，推动资源利用方式根本性转变，加强全过程节约管理，大幅降低能源、水、土地消耗强度，提高利用效率和效益。推动能源生产和消费革命，支持节能低碳产业和新能源、可再生能源发展，确保国家能源安全。加强水源地保护和用水总量管理，建设节水型社会。严守耕地保护红线，严格土地用途管制。加强矿产资源勘查、保护、合理开发。发展循环经济，促进生产、流通、消费过程的减量化、再利用、资源化。

三是保：加大自然生态系统和环境保护力度。要实施重大生态修复工程，增强生态产品生产能力，推进荒漠化、石漠化、水土流失综合治理。加快水利建设，加强防灾、减灾体系建设。坚持预防为主、综合治理，以解决损害群众健康突出环境问题为重点，强化水、大气、土壤等污染防治。坚持共同但有区别的责任原则、公平原则、各自能力原则，同国际社会一道积极应对全球气候变化。

四是建：加强生态文明制度建设。要把资源消耗、环境损害、生态效益纳入经济社会发展评价体系，建立体现生态文明要求的目标体系、考核办法、奖惩机制。建立国土空间开发保护制度，完善最严格的耕地保护制度、水资源管理制度、环境保护制度。深化资源性产品价格和税费改革，建立反映市场供求和资源稀缺程度、体现生态价值和代际补偿的资源有偿使用制度和生态补偿制度。加强环境监管，健全生态环境保护责任追究制度和环境损害赔偿制度。加强生态文明宣传教育，增强全民节约意识、环保意识、生态意识，形成合理消费的社会风尚，营造爱护生态环境的良好氛围。

（10）根本目的。关于生态文明建设的根本目的，十八大报告强调，"努力建设美丽中国，实现中华民族永续发展"；"从源头上扭转生态环境恶化趋势，为人民创造良好生产、生活环境，为全球生态安全做出贡献"。"更加自觉地珍爱自然，更加积极地保护生态，努力走向社会主义生态文明新时代。"

可见，生态文明与科学发展观在本质上是一致的，都是以尊重和维护生态环境为出发点，强调人与自然、人与人以及经济与社会的协调发展；都是以可持续发展为依托，以生产发展、生活富裕、生态良好为基本原则，以人的全面发展为最终目标。因此，建设生态文明必须以科学发展观为指导，立足现实，面向未来，顺应当代国际社会重视生态保护和资源可持续利用的趋势，实现人与自然和谐互补、共同发展，使经济建设与资源、环境相协调，实现良性循环。总之，我们一定要准确把握、深刻理解建设生态文明的科学内涵和重要意义，以对国家、对民族、对子孙后代负责任的精神，践行科学发展观，大力推进生态文明建设，真正实现经济社会又好又快的发展，让广大人民群众在良好的生态环境中生活得更加幸福安康。

第三节　中国生态文明发展战略

建设生态文明是党中央基于对当今世界能源资源环境瓶颈约束、气候变化异常、经济社会发展不可持续等问题的科学分析，制定的一项具有里程碑意义的重大战略对策。

生态文明之所以能够根治环境危机这一痼疾，是因为生态文明对工业文明而言是一次质的提升和飞跃。它既传承了工业文明的优势、长处，又以全新的理念，纠正了工业文明的失误。

将自然界生态良性循环的规律引入到整个经济、社会运行的大系统，这是更高层次的循环经济，也是建设循环型社会的要求。建设生态文明，当然要加强保护、优化和建设生态环境，但绝不是单纯地保护和优化生态环境，而是关联经济、政治、社会、物质、精神、生态、文化的重要纽带，是为了更好地贯彻"主题、主线"，加快转方式、调结构，促进经济社会又好又快发展。

发展循环经济是建设生态文明的重要途径。发展循环经济不是一项单项的经济工作任务，不是简单的综合利用问题，而是关系到国家经济社会发展的一项重大战略任务。从体系上，从生产、流通、消费的各环节上，从总体上、全局上来考虑、谋划发展循环经济的工作。推动转方式、调结构，推进生态文明建设进程。

提高资源产出率是建设生态文明的突破口。资源产出率是反映资源节约情况的综合性指标。实践证明，无论工业、农业、商贸业、服务业，还是交通运输业，转变发展理念、方式，实现资源循环利用，其利用效益和价值可成倍、几倍甚至更多倍地增加和提高。

经营生态环境是建设生态文明的创意创新之路。良好生态环境是重要资本，应进行生态环境资本运营。不仅良好的生态环境是资本，对中等的生态环境优化好、开发好，对比较差的甚至遭到破坏的生态环境，可在治理、改造基础上进行科学利用，则它们也可以成为生态环境资本，能产生经济、社会效益。

依靠内生动力建设生态文明更有生命力。不仅要充分发挥群众的智慧、潜能、积极性、主动性、创造性，也要增强各级领导干部生态文明意识、循环发展意识，运用生态文明、循环发展的思维方式来分析、审视各行各业现状，重新规划、调整发展思路、工作方式，调整人力、物力、财力投入方向和力度。

建设生态文明必须始终坚持科学发展观，树立"人与自然和谐相处"的正确理念，加快转变经济发展方式，实现经济社会可持续发展，进而最大限度地实现人与自然的和谐发展。具体而言，需要做好以下几方面的工作：

第一，完善生态保护相关法律及制度，坚持资源节约和环境保护。加快完善生态保护相关法律法规，修改《中华人民共和国森林法》、《中华人民共和国土地法》、《中华人民共和国水法》、《中华人民共和国矿产资源法》、《中华人民共和国野生动物保护法》、《中华人民共和国环境保护法》以及《中华人民共和国污染防治法》等现有法律，尽早制定饮用水源地安全法等急需的法律。一方面，制定科学、客观、合理的经济社会发展评价体系，将生态效益、环境损害和资源消耗等因素纳入其中；另一方面，建立有利于生态文明建设的考核办法、奖惩机制和目标体系。深入调查研究，建立科学的国土空间开发保护制度，完善现有的环境保护制度、水资源保护制度以及耕地保护制度。进一步强化资源性产品价格和税费改革，建立真正能够反映市场供求和资源稀缺程度的生态补偿制度和资源有偿使用制度。此外，坚决贯彻国家和地方环境保护的相关法律法规，加大环境监管力度，健全环境损害赔偿制度和生态环境保护责任追究制度。

第二，树立科学、合理、正确的政绩观，实现经济和环境共同发展。推进新型生态文明建设，实现经济社会可持续发展，必须在合理开发和充分利用资源的前提下求发展，而在发展中必须特别注意保护环境，从而实现人与自然的高度统一、人与自然的和谐相处和发展。这就要求我们党和政府的各级领导干部必须坚持科学发展观，树立科学、合理、正确的政绩观，进一步完善干部政绩考核体系。一方面，结合新形势、新需要，继续完善政绩考核指标体系，在充分重视经济增长质量和效益情况的同时，将节约资源、环境保护以及生态文明建设等因素纳入领导干部政绩考核指标体系；另一方面，进一步完善现有的干部考核制度，将干部的基本考核和政绩考核、经济发展指标考核和资源环境指标考核统一起来，特别注重对干部的全面考核、长效考核和实绩考核。在提拔和任用干部时，充分考虑其在生态文明建设工作中是否尽职尽责,做到对不落实政策、不履行职责者坚决不予提拔,对决策失误、监督不力造成重大污染事故者严肃处理。

第三,着力推进科技创新,走可持续发展的新型工业化道路。我们在肯定传统产业创造物质财富的同时,也不能忽视其对资源的过度消耗和对自然环境的破坏。要想可持续发展,必须着力推进科技创新,不断加强对环境技术的研究、开发和利用,大力提升人才培养和引进力度,推进传统产业的升级和改造,积极有序地发展低碳经济、循环经济以及生态经济,建立绿色、低碳的现代产业体系,走可持续发展的新型工业化道路。深入研究稀有资源替代技术,促进复杂油气开发、洁净煤技术等成果的转化应用,继续稳步推进太阳能、风能以及生物质能等可再生能源的开发和利用,从而实现资源的可持续发展。积极有序地推进清洁生产、低碳节能、废弃物可再生利用以及污染防治等技术,最大限度地保护生态环境安全。同时,尽快实施重大生态修复工程,提高生态产品生产能力,推进石漠化、荒漠化以及水土流失等综合治理。加强水利基础设施建设,进一步提升供水保障能力和防洪能力。健全防灾、减灾体系,增强抵御自然灾害能力。坚持以预防为主,集中整治危害群众健康的环境问题,严厉查处各类环境违法行为。

第四,加大宣传力度,动员全国人民积极参与生态文明建设。采取各种有效措施和手段,积极进行生态文明建设的宣传教育,增强全民生态意识、环保意识和节约意识,营造爱护环境、绿色消费的良好社会风尚。在搞好经济建设、社会建设的同时,我们每一个人都要坚持"从我做起""从现在做起",把建设环境友好型、资源节约型社会的历史使命落实到每一个人身上,落实到人们的日常生活中去。首先,国家和政府应借鉴国外先进经验，积极推进生态文明建设的顶层设计，大力宣传和贯彻生态文明观，引导各民族、各地区、各行业的人民保护自然、节约资源，促进人与自然的和谐统一；其次，各级政府和领导干部，要结合本地区实际，积极有效地贯彻和落实国家的各项方针和政策，将生态文明建设的各项工作落到实处；最后，鼓励和支持各种社会力量、民间力量积极参与生态文明建设。

第二章 西部地区特征

第一节 综述

1986 年，国务院在制定"七五"计划时，综合考虑了各地区生产力发展水平、地理位置与区位特点，以及行政区划的情况，把全国大致划分为东中西三大经济地带。其中西部地区包括了四川、贵州、云南、西藏、陕西、甘肃、青海、宁夏、新疆九省区。在 2000 年实施西部大开发时，又加入了已经直辖的重庆，还加入了属于中部的内蒙古、属于东部的广西。所以，本书所称的中国西部地区包括重庆、四川、贵州、云南、广西、陕西、甘肃、青海、宁夏、西藏、新疆、内蒙古十二个省、市和自治区。该地区土地面积 681 万平方千米，占全国总面积的 71%；人口约 3.5 亿，占全国总人口的 28%。其南北跨越 28 个纬度，东西横贯 37 个经度，远离海洋，深居内陆；自然条件丰富多彩，纷繁复杂。"三原四盆"是其基本地势特征——青藏高原、黄土高原和云贵高原占据西部的大部分，柴达木、塔里木、准噶尔和四川盆地位居其中；"一高一干一季"构成了西部的三类自然区，即青藏高原区、西北干旱区和局部地区的季风气候区，呈现出各自的自然特点。西部地区疆域辽阔，是我国经济欠发达、需要加强开发的地区。全国尚未实现温饱的贫困人口大部分分布于该地区，它也是我国少数民族聚集的地区。新中国成立 50 年来，西部地区的工业体系、交通通信、科技教育等都有了较大发展，为进一步开发奠定了较为坚实的基础。西部地区与 10 多个国家接壤，陆地边境线长达 12 747 千米，如此之长的陆地边境线，无疑为西部地区发展边境贸易展现了诱人的前景，历史上穿越西部地区的"丝绸之路"曾是中国对外交流的第一条通道。今日的西部地区定然会伴随西部大开发的进程，日益繁荣，再现辉煌。

重庆市

重庆，别称山城、渝都、雾都、桥都，直辖市，国家中心城市，长江上游地区经济中心和金融中心，以及航运、政治、文化、科技中心，全国综合交通枢纽，内陆出口商品加工基地和扩大对外开放先行区，国家重要的现代制造业基地、高新技术产业基地，长江上游科研成果产业化基地、生态文明示范区，中西部地区发展循环经济示范区，中国政府实行西部大开发的开发地区及国家统筹城乡综合配套改革试验区，国家历史文化名城。重庆曾为远东反法西斯中心。2011 年国务院批复《成渝经济区区域规划》，把重庆定位于国际大都市。

四川省

四川省简称"川"或"蜀"，1952 年 9 月 1 日正式成立。四川位于西南腹地，地处长江上游，东西最大跨度 1 075 千米，南北最大跨度 921 千米。四川历史悠久、风光秀丽、物产丰富，享有"天府之国"美誉。四川东邻重庆，南接云南、贵州，西衔西藏，北连青海、甘肃、陕西；东部丘陵较多，西部山地较多。四川河网密布，水系发达，岷江、沱江、雅砻江、嘉陵江纵贯四川。四川人口稠密，气候宜人，经济发展较快，交通干线密集，现系"西部综合交通枢纽""西部经济发展高地"。

贵州省

贵州省简称"黔"或"贵"，位于中国西南的东南部，介于东经103°36′~109°35′、北纬24°37′~29°13′之间，东毗湖南，南邻广西，西连云南，北接四川和重庆，资源富集，发展潜力巨大。全省东西长约595千米，南北相距约509千米，面积约17.6万平方千米，占全国国土面积的1.8%，共有9个地级行政区划单位，88个县级行政区划单位。贵州是一个多民族共居的省份，千百年来，各民族和睦相处，共同创造了多姿多彩的贵州文化。"公园省"贵州处处是景，是休闲、养生、度假胜地。

云南省

云南省位于中国西南边陲，省会昆明。云南省简称"滇"或"云"，是人类重要的发祥地之一，生活在距今170万年前的云南元谋猿人，是迄今为止发现的我国和亚洲最早人类。战国时期，这里是滇族部落的生息之地。云南，即"彩云之南"，另一说法是因位于"云岭之南"而得名。总面积约39万平方千米，占全国面积4.11%，在全国各省级行政区中面积排名第8。总人口4 596万（2010年），占全国人口3.35%，人口排名第12名。与云南省相邻的省区有四川、贵州、广西、西藏，云南省的3个邻国是缅甸、老挝和越南。北回归线从该省南部横穿而过。

广西壮族自治区

广西壮族自治区，1958年建立自治区，至1965年更名为广西壮族自治区，简称"桂"，省会南宁市。广西壮族自治区位于华南地区西部，南濒北部湾，与越南接壤，民族有汉族、壮族等，使用语言有汉语（粤方言、桂柳话、平话等），少数民族的语言有壮语等。广西拥有无尽的海洋资源；属于亚热带季风气候，孕育了大量珍贵的动植物资源；尤其盛产水果，被誉为"水果之乡"。还有奇特的喀斯特地貌，灿烂的文物古迹，浓郁的民族风情，使广西独具魅力。广西是一个多民族的地方，又是全国三大侨乡之一。

西藏自治区

西藏自治区位于中华人民共和国西南边陲，青藏高原的西南部，东经78°25′至99°06′、北纬26°44′至36°32′之间。它北临新疆维吾尔自治区，东北连接青海省，东连四川省，东南与云南省相连；南部和西部与缅甸、印度、不丹和克什米尔等国家和地区接壤，形成了中国与上述国家和地区边境线的全部或一部分，全长近4 000千米。西藏以其雄伟壮观、神奇瑰丽的自然风光闻名。它地域辽阔，地貌壮观，资源丰富。自古以来，这片土地上的人们创造了丰富灿烂的民族文化。

内蒙古自治区

内蒙古自治区简称内蒙古，省会为呼和浩特，位于中国北部边疆，西北紧邻蒙古和俄罗斯，面积118万平方千米。它以蒙古族和汉族为主，还有朝鲜、回、满、达斡尔、鄂温克、鄂伦春等民族。全区分设9个地级市，3个盟；其下又辖12县级市、17县、49旗、3自治旗。包头市、巴彦淖尔、赤峰、乌兰浩特、乌兰察布、乌海、呼伦贝尔、通辽、鄂尔多斯等为自治区内主要城市。主要山脉有大兴安岭、贺兰山、乌拉山和大青山。东部草原辽阔，西部沙漠广布。年均气温 −1℃ ~10℃，全年降水量约50~450毫米。已探明矿藏60余种，稀土、煤、银等储量巨大。

新疆维吾尔自治区

新疆维吾尔自治区，简称"新"，位于亚欧大陆中部，地处中国西北边陲，总面积166.49万平方千米，占中国陆地总面积的六分之一，与俄罗斯、哈萨克斯坦、吉尔吉斯斯坦、塔吉克斯坦、巴基斯坦、蒙古、印度、阿富汗8个国家接壤；陆地边境线长达5 600多千米，占中国陆地边境线的1/4，是中国面积最大、陆地边境线最长、毗邻国家最多的省区。境内与甘肃、青海、西藏相邻。地形以山地与盆地为主，地形特征为"三山夹两盆"。新疆沙漠广布，石油、天然气丰富，是西气东输的起点、我国西部大开发的主要阵地。

青海省

青海省为我国青藏高原上的重要省份之一，简称"青"，因境内有全国最大的内陆咸水湖——青海湖，而得省名。青海位于我国西北地区，面积72.23万平方千米，东西长1 200多千米，南北宽800多千米，辖6州、1地、1市、51个县级行政单位，与甘肃、四川、西藏、新疆接壤。青海东部素有"天河锁钥""海藏咽喉""金城屏障""西域要冲"和"玉塞咽喉"等称谓，可见地理位置之重要。2008年年末全省常住人口554.3万人，有汉、藏、回、土、撒拉、维吾尔、蒙古、哈萨克等民族，是长江、黄河、澜沧江的发源地，被誉为"江河源头""中华水塔"。

甘肃省

甘肃省为中华人民共和国省级行政区，地处黄河上游，地理坐标位于北纬32°31′~42°57′、东经92°13′~108°46′之间。东接陕西，南控巴蜀、青海，西倚新疆，北扼内蒙古、宁夏。甘肃省因甘州（今张掖）与肃州（今酒泉）而得名，又因省境大部分在陇山（六盘山）以西，唐代曾在此设置陇右道，故又简称甘或陇。它辖 12 个地级市和 2 个自治州，省会兰州。古属雍州，是丝绸之路的锁匙之地和黄金路段，与蒙古接壤，像一块瑰丽的宝玉，镶嵌在中国中部的黄土高原、青藏高原和内蒙古高原上，东西蜿蜒 1 600 多千米，纵横 45.37 万平方千米，占全国总面积的 4.72%。

宁夏回族自治区

宁夏回族自治区，简称"宁"，位于北纬 35°14′~39°23′、东经 104°17′~107°39 之间，是我国五大自治区之一。宁夏回族自治区省会银川，处在中国西部的黄河上游地区。南北相距约 456 千米，东西相距约 250 千米，总面积为 6.6 万多平方千米。宁夏东邻陕西省，西部、北部接内蒙古自治区，南部与甘肃省相连。它自古以来就是内接中原，西通西域，北连大漠，各民族南来北往频繁的地区。

陕西省

陕西，简称"陕"或"秦"，又称"三秦"，为中国西北一省级行政单位，省会古都西安，位于中国内陆的腹地，属于黄河中游和长江上游。地理坐标处于东经 105°29′~111°15′、北纬 31°42′~39°35′之间。面积约 21 万平方千米，人口 3 733 万，下辖 10 地级市及 1 农业示范区。东邻山西、河南，西连宁夏、甘肃，南抵四川、重庆、湖北，北接内蒙古，为连接中国东中部地区和西北、西南的重要枢纽。西周初年，周成王以陕原为界，原西由召公管辖，后人遂称陕原以西为"陕西"。陕西历史悠久，文化底蕴深厚，为中华之源，在历史上较长时期一直简称为"秦"。

第二节　自然资源

　　我国西部地区地域辽阔，矿产资源丰富，经地质勘查探明有储量的矿产有 161 种，探明矿产储量潜在价值在全国总值中占 50.45%，比东部地区和中部地区探明储量潜在价值之和还多。西部是我国的资源富集区，也是我国工业化发展的能源基地。中国已探明的天然气储量居世界第 16 位，而西部地区的储量占全国总储量的 64.5%。中国的水力资源蕴藏量居世界第 1 位，而西部地区的蕴藏量占全国的 82.5%。此外，许多矿藏资源的大部分储量集中在西部地区。在西部大开发中，西部用资源去支撑中国的经济增长，为社会主义现代化建设做出了突出贡献。

　　但是在过去数十年的西部开发中，虽然西部地区的经济有长足的发展，但同时环境与生态被破坏的现象也十分严重，各种环境与生态危机都主要发生在西部地区。所以，虽然西部地区有了一些发展，但是西部地区在环境与生态方面付出的代价是十分沉重的。在长期形成的国内分工格局中，西部地区工业结构很不合理，表现为能源和原材料工业比重大，粗加工工业比重大，其中大多数传统企业技术落后、设备陈旧，既无法与东部先进企业相竞争，还造成大量的环境污染。西部地区万元产值排放的污染物，要比东部地区高出 1~5 倍。西部地区传统的粗放式资源开采与加工方式，造成了资源的极大浪费和生态环境的巨大破坏。西部是我国生态环境最脆弱的地区，据有关部门统计，全国有一半的生态脆弱县和 60% 的贫困县在西部。西部地区土地侵蚀面积达 410 万平方千米，占全国总侵蚀面积的 83.3% 和西部地区国土面积的 60.6%。西部地区每年因生态环境破坏造成的直接经济损失达 1 500 亿元，占当地同期国内生产总值的 13%。因此，在新时期西部开发战略中，尤其要注重发展与资源的协调、开发与环境的协调。

西部地区的自然资源特别丰富。其水能蕴藏总量占全国的 82.5%，已开发水能资源占全国的 77%，但开发利用尚不足 1%。其矿产资源的储量十分可观。依据已探明储量，西部地区的煤炭占全国的 36%，石油占 12%，天然气占 53%。全国已探明的 140 多种矿产资源中，西部地区就有 120 多种，一些稀有金属的储量名列全国乃至世界的前茅。该地区的旅游资源优势得天独厚，秦兵马俑、莫高窟、九寨沟等均位于西部地区。

第三节　民族文化

中国的西部民族众多、地域广袤，在长期的历史变迁中孕育了灿烂的文化。西部文化具有地域性、多元性和原生态性，是中华文化的重要组成部分。生态文明战略的实施，给西部民族文化的发展提供了广阔的舞台。抓住有利机遇，不断整合西部民族文化资源，对于推动西部区域经济和社会发展具有十分重要的意义。

从文化西部的角度看，上古时代，无论西北还是西南，都与中原地区有着密切的交往。从西汉起，西部已进入中国历史的视野。唐代，西部的概念进一步扩大，它包括了青藏高原的腹地、云贵高原、北方草原、辽阔的西域，甚至沿丝绸之路越过帕米尔高原。汉唐两朝众多的公主远嫁乌孙、吐谷浑、契丹、突厥、回纥、南诏等地和亲，使神奇的西部文化与内地的联系进一步加深。

在漫长的历史中，西部地区相继建立了一系列邦国性质的地方政权或酋长性质的土司政权，如西夏、吐谷浑、大理、"西域三十六国"等。它们在政治、经济、文化等方面有明显的特殊性，在创造自己历史的同时，形成了众多的民族。几千年来，经过不断地迁徙、分化、融合、发展，作为独立的族群，许多原生民族虽然已经消失了，但我们从今天众多的少数民族以及汉族中仍可以发现它们的身影。这些民族大多在发展和形成过程中与其他民族融合，并造就了各自不同的文化。显然，多民族是西部的一个突出特点。在目前我国已认定的 55 个少数民族中，有将近 50 个世居在今天的西部地区。在西部，除了 5 个民族自治区，其余各省市也都有大量的少数民族人口和民族自治区域，以青海省为例，少数民族人口占全省总人口的 45.5%，民族自治区域面积占全省总面积的 98%。在云南省生活着 25 个世居民族，其中有十多个民族是云南独有的。这一特点决定了西部与众不同的民俗民风，也造就了多姿多彩的民族文化。

由于西部独特的历史背景和社会生活，形成了其别具一格的西部文化。从地域和文化个性上看，它至少可以划分为几个大的文化圈：黄河流域为中心的黄土高原文化圈，西北地区的伊斯兰文化圈，北方草原文化圈，天山南北为核心的西域文化圈，青藏高原为主体的藏文化圈，长江三峡流域和四川盆地连为一体的重庆巴文化、四川蜀文化圈，云贵高原及向东延伸的滇黔文化圈等。这些文化圈具有各自相对明显的个性或风格。黄土高原文化悠远古朴，伊斯兰文化充满异域色彩，北方草原文化热情奔放，西域文化显出东西合璧之美，藏文化凝重神秘，巴蜀文化古色古香。这种多样性的文化形态与各个民族的生活方式、观念、习俗、宗教、艺术以及悠久历史、生存环境紧密相连，是一种广义的文化集合体。

西部民族文化具有鲜明的地域性、民族性、多元性等特征。

地域性

西部地理复杂多样，西北地区辽阔无垠，西南地区山水切割，青藏高原严寒高拔。西部文化在这里也表现出了鲜明的地域性。西北地区历史悠久、地域广大，它孕育的文化在质朴中藏着博大；西南地区民族众多，山川纵横，这里的文化显得细腻抒情；青藏高原起伏跌宕，庄严静穆，它的文化则处处透着神秘。

民族性

西部在久远的历史长河中创造并形成了包括语言、宗教信仰、自然崇拜、神话传说、故事、歌谣、舞蹈、服饰、建筑、手工艺、礼仪习俗以及生存理念、生活和生产方式等在内的民族文化。这些内容有的在不同民族中是相近或相似的，有些则相去甚远。即便是同一民族，因为部落不同或居住地不同，在许多方面也有很大差异，民族文化由此更显丰富多彩。

多元性

西部民族文化不是一种完全封闭和孤立的文化，而是一个多元文化的综合体，它在本土文化的基础上，将许多外来文化的因素转化吸纳为自己的成分，从而变得生机勃勃。历史上有三条重要通道贯穿西部，将西部向东与中原地区紧密相连，向西同更加广阔的地域沟通。一条是穿越大西北并一直延伸至欧洲地中海沿岸的古丝绸之路，一条是贯通黄土高原和青藏高原的唐蕃古道，一条是穿过西南云贵高原并经青藏高原通往尼泊尔、印度甚至更远方的茶马古道。这三大道路除了带来了贸易和人民之间的交往，更传播了文化。中原汉文化源源不断传入西部，古欧洲地中海文化、古阿拉伯文化、古印度文化、中亚文化等也纷纷汇集这里。佛教、伊斯兰教、基督教在西部的发展就是由此而来的，其中最为独特的文化现象就是佛教在青藏高原的本土化——藏传佛教。

活态性

西部民族文化以其浓厚的乡土气息活跃在人们的精神生活和物质生活中。世界文化遗产丽江古城并不是一座荒芜废弃的遗址，而是数万人生息的家园；流传千年的英雄史诗《格萨尔王》依旧在藏族民间传颂；古老的歌舞、服饰仍在质朴地表达着对生活的向往。现代文明的传播与扩张并没有使这种古老的文化远离人们的生活，而是代代传承，绽放异彩。西部文化所表现出的活形态，或者是原生态的特点，具有浓重的人性化、情感化的色彩，这正是西部民族文化最具魅力的一面。

脆弱性

脆弱性是西部民族文化的又一个特征。地域性造成的相对封闭与分割，制约了西部民族文化的整体发展。地域广阔、交通不便、人口相对稀少和分散的特殊环境形成了小范围、小规模文化发展状态。另外，西部少数民族大多没有文字，文化的传承主要靠世世代代的口耳相传，缺少文字记载的稳定性，不利于对外传播和交流。

西部民族文化是一座异彩纷呈的文化资源宝库，它所包含的内容极其丰富，它的表现形式多种多样。它不仅为研究文化人类学、宗教人类学、民族学、民俗学、生态文化学等学科提供了宝贵财富，也为文化产业的开发提供了丰富的资源，同时也对我们今天的文化建设具有十分重要的借鉴意义。

推进西部民族文化产业进程

如前所述，中国西部民族文化底蕴深厚，内涵丰富，地域特色浓郁，自然与人文融为一体，形态多姿多彩，独具魅力，开发潜力巨大。如何使西部宝贵的民族文化资源在深入的开发和挖掘中形成品牌、形成规模、形成产业，走出西部、走向全国、走向世界，已成为西部地区生态发展战略的重要组成部分。

第三章　西部地区生态文明建设中的生态旅游建设

第一节　什么是生态旅游

"生态旅游"由国际自然保护联盟（IUCN）特别顾问谢贝洛斯·拉斯喀瑞（Ceballas Lascurain）于 1983 年首次提出。1990 年国际生态旅游协会（the International Ecotourism Society）把其定义为：在一定的自然区域中保护环境并提高当地居民福利的一种旅游行为。

总体来说，生态旅游是指在一定自然地域中进行的有责任的旅游行为，为了享受和欣赏历史的和现存的自然文化景观，这种行为应该在不干扰自然地域、保护生态环境、降低旅游的负面影响和为当地人口提供有益的社会和经济活动的情况下进行。

国际生态旅游协会就生态旅游给出了两个要点，其一是生态旅游的对象是自然景物；其二是生态旅游的对象不应受到损害。在全球人类面临生存的环境危机的背景下，随着人们环境意识的觉醒，绿色运动及绿色消费席卷全球。生态旅游作为绿色旅游消费，一经提出便在全球引起巨大反响，生态旅游的概念迅速普及到全球，其内涵也得到不断的充实。针对目前生存环境不断恶化的状况，旅游业从生态旅游要点之一出发，将生态旅游定义为"回归大自然旅游"和"绿色旅游"；针对现在旅游业发展中出现的种种环境问题，旅游业从生态旅游要点之二出发，将生态旅游定义为"保护旅游"和"可持续发展旅游"。同时，世界各国根据各自的国情，开展生态旅游，形成各具特色的生态旅游。

生态旅游发展较好的西方发达国家首推美国、加拿大、澳大利亚等国，这些国家的生态旅游对象从人文景观和城市风光转为谢贝洛斯·拉斯喀瑞所指定的"自然景物"，即保持较强原始特色的大自然，这些自然景物在其国内定位为自然生态系统优良的国家公园，在国外定位为以原始森林为主的优良生态系统。这就使不少发展中国家成为生态旅游目的地，其中加勒比海地区和非洲野生动物园成为生态旅游热点区域。

根据世界野生动物基金会估计，1988 年发展中国家旅游收入为 5 500 亿美元，其中生态旅游收入为 120 亿美元。在哥斯达黎加，每年接待的国际游客中，几乎半数以上是去欣赏热带雨林的生态旅游者。据世界旅游组织统计，1994 年去非洲的国际旅游者达 1 857.73 万人次，其中生态旅游者占相当比例。在西方发达国家，周末和节假日到大自然去旅游已成为一种时尚。

西方发达国家在生态旅游活动中极其重视保护旅游对象。在生态旅游开发中，避免大兴土木等有损自然景观的做法，旅游交通以步行为主，旅游接待设施小巧，掩映在树丛中，住宿多为帐篷露营，尽一切可能将旅游对旅游对象的影响降至最低。在生态旅游管理中，提出了"留下的只有脚印，带走的只有照片"等保护环境的响亮口号，并在生态旅游目的地设置一些解释大自然奥秘和保护与人类休戚相关的大自然标牌体系及游客喜闻乐见的旅游活动，让游客在游乐中增强环境意识，使生态旅游区成为提高人们环境意识的天然大课堂。

过去，西方旅游者喜欢到热带海滨去休闲度假，热带海滨特有的温暖的阳光、碧蓝的大海和舒适的沙滩，使居住于污染严重、竞争激烈的西方发达国家游客的身心得到放松，"三S"作为最具吸引力的旅游目的地，成为西方人所向往的地方。随着生态旅游的开展，游客环境保护意识的增强，西方游客的旅游热点从"三S"转为"三N"，即到大自然中，去缅怀人类曾经与自然和谐相处的怀旧情结，使自己在融入自然时进入愉悦的精神境界，更强调的是对自然景观的保护，是可持续发展的旅游。

生态旅游兴起的时代背景是人类处于工业文明的后期。在物质财富和精神财富极大丰富的同时，资源问题、环境问题、生态问题等一系列全球性生存危机使人类的环境意识开始觉醒，绿色运动及绿色消费席卷全世界。人类对自身生存方式、发展模式的思考比以往任何时候都来得多，于是可持续发展思想应运而生。而随着可持续发展思想的传播和渗透，旅游业的可持续发展也日渐成为人们关注的问题。人类社会在过去的数百年的发展中一直表现为对经济高速增长的追求，甚至不惜以牺牲环境为代价。在这样的发展模式下，人类的生存环境急剧恶化：水土流失和土壤沙化，森林资源减少，海洋资源被破坏，能源的急剧消耗，自然灾害频繁，化学物质的滥用，人口与经济的发展、人口与资源环境的矛盾日益突出等。面临一系列的严重问题与矛盾，人类不得不重新认识人与自然的关系，人类必须在继承传统的发展模式和重新探索新的发展模式之间做出选择。论战在拥护经济增长派和反对经济增长派之间展开，最终人们在深刻认识了环境与资源可持续的基础作用之后，将论战归结为可持续发展，努力实现人与自然的和谐。

1972年，第一次人类的环境会议在斯德哥尔摩召开。会议首次将环境问题提到了国际议事日程上，有力地推动了全球对这一问题的关注和深入研究。1980 年，国际自然资源保护联盟在《世界自然资源保护大纲》中首次提到可持续发展的概念，要求把保护与发展结合起来，在发展经济满足人类需要、提高人类生活质量的同时，合理利用生物圈，使之既满足当代人的需要，又满足后代人的需要，改变了过去保护环境与发展相对立的观点。1987 年，世界环境与发展委员会（MCED）在挪威首相布伦特兰夫人的主持下向联合国提交了《我们共同的未来》的报告，比较全面和完整地描述了可持续发展的概念，即"可持续发展是在满足当代人需要的同时，不损害后代人满足其自身需要的能力"，报告提出人类以可持续发展为原则来迎接人类面临的环境与发展问题的挑战。1992 年在里约热内卢召开的联合国环境与发展大会又进一步阐述了可持续发展的概念，全球的 100 多个国家首脑共同签署通过了《21 世纪议程》这一关于未来环境与发展的行动纲领，将可持续发展由概念转变为各国政府和国际组织在共识的基础上的发展战略。这是人类转变传统发展模式和生活方式，走可持续的发展道路的一个里程碑。

根据《我们共同的未来》对可持续发展的定义，可持续发展意味着：第一，人类要发展；第二，发展要有限度。所以虽然可持续发展可以从生态、经济、社会、伦理、人与自然的关系等不同的侧面理解，但从根本上说，可持续发展体现了经济、社会、资源、环境的可持续以及可持续发展的全球性。

经济的可持续发展是其他方面可持续发展的前提和基础，发展是目标的改善、提高人类的生活质量，经济的发展是达到这一目标的必要基础，没有经济的可持续发展，就谈不上其他方面的可持续发展。实现可持续发展必须有一定的社会条件，只有关心世代之间的平等，地区之间的责任感和参与意识，才能从主观上为可持续发展的实现提供可能。可持续发展的中心问题是资源的可持续问题，资源是基础。没有资源，没有资源的合理利用就不可能有可持续发展。环境保护与环境建设是可持续发展的重要内容和衡量标准，发展的质量与水平就体现在发展过程对生态系统的保护程度上。可持续发展是全球性的问题，是人类的共同目标。当前世界上许多资源和环境问题，如全球变暖、酸雨蔓延、臭氧空洞等，只有得到全球的广泛合作，实现世界范围内的发展与进步，人类才可能真正地实现可持续的发展目标。

生态旅游的内涵应包含两个方面：

一是回归大自然，即到生态环境中去观赏、旅行、探索，目的在于享受清新、轻松、舒畅的自然与人的和谐气氛，探索和认识自然，增进健康，陶冶情操，接受环境教育，享受自然和文化遗产等。

二是要促进自然生态系统的良性运转。不论生态旅游者，还是生态旅游经营者，甚至包括得到收益的当地居民，都应当在保护生态环境免遭破坏方面做出贡献。也就是说，只有在旅游和保护均有表征时，生态旅游才能显示其真正的科学意义。

关于生态旅游的争论很多，对生态旅游的内涵也众说纷纭。不过，关于生态旅游的目标却得到了基本的认同。主要包括：第一，维持旅游资源利用的可持续性；第二，保护旅游目的地的生物多样性；第三，给旅游地生态环境的保护提供资金；第四，增加旅游地居民的经济获益；第五，增强旅游地社区居民的生态保护意识。为了更好地实现这些目标，应该鼓励当地居民积极参与生态旅游，以促进地方经济的发展，提高当地居民的生活质量，唯有经济发展之后才能真正切实地重视和保护自然；同时，生态旅游还应该强调对旅游者的环境教育，生态旅游的经营管理者也更应该重视和保护自然。

世界旅游组织秘书长弗朗加利在世界生态旅游峰会的致词

中指出："生态旅游及其可持续发展肩负着三个方面的迫在眉睫的使命：经济方面要刺激经济活力，减少贫困；社会方面要为最弱势人群创造就业岗位；环境方面要为保护自然和文化资源提供必要的财力。生态旅游的所有参与者都必须为这三个重要的目标齐心协力地工作。"

生态旅游的基本特征

（1）生态旅游的目的地是一些保护完整的自然和文化生态系统，参与者能够获得与众不同的经历，这种经历具有原始性、独特性的特点。

（2）生态旅游强调旅游规模的小型化，限定在承受能力范围之内，这样既有利于保证游人的观光质量，又不会对生态造成大的破坏。

（3）生态旅游可以让旅游者亲自参与其中，在实际体验中领会生态旅游的奥秘，从而更加热爱自然，这也有利于自然与文化资源的保护。

（4）生态旅游是一种负责任的旅游，这些责任包括对旅游资源的保护责任，对旅游的可持续发展的责任等。由于生态旅游自身的这些特征能满足旅游需求和旅游供给的需要，从而使生态旅游的兴起成为可能。

生态旅游发展的终极目标是可持续，"可持续发展"是判断生态旅游的决定性标准，这在国内外的旅游研究者中均已经达成了共识。按照可持续发展的含义，生态旅游的可持续发展可以概括为：以可持续发展的理论和方式管理生态旅游资源，保证生态旅游地的经济、社会、生态效益的可持续发展，在满足当代人开展生态旅游的同时，不影响后代人满足其对生态旅游需要的能力。具体而言，生态旅游可持续发展主要包括的含义与要求是：生态旅游的可持续发展表现为维护自然生态的可持续发展。由于生态系统的对象主要是相对完整的自然生态系统，所以自然生态系统的可持续发展必然成为生态旅游可持续发展的重要内容。生态旅游系统主要有生物和非生物的环境两大部分组成。系统内的生物群落即生命系统，包括生产者、消费者、分解者；非生物环境即非生命的系统，包括阳光、空气、水、土壤和无机物等。他们共同构建了一个丰富多彩的、相对稳定的结构系统，成为生态旅游的主要吸引物。良好丰富的自然生态环境是生态旅游的目的地。自然生态系统容不得任何耗竭性的消费，因此，无论是经营开发者、管理决策者，还是旅游者，对保护自然生态都有不可推卸的责任，都必须在生态旅游实践中认识自然、保护自然。这种生态环境保护既包括对自然生态系统的正常发展、循环稳定的维护，同时也包括对人类与自然和谐相处系统的维护，即对当地文化的尊重。这种对旅游对象尊重与保护的责任是生态旅游可持续发展的重要内涵。

促进生态旅游地经济社会可持续发展是开展生态旅游的重要目的，具体表现在旅游地居民个体和旅游地社会、经济、文化整体两个层次上。旅游地居民是旅游地社会文化的主要组成部分，拥有维护自身良好发展的权利，因此，开展生态旅游必须让当地居民直接参与到管理和服务中去。从经济方面，这样的参与使得他们获得丰厚的经济回报，能有效地促进旅游地经济的发展；从社会方面，旅游业在当地的发展与渗透使得当地居民开阔了眼界，提高了素质，可以更快地融入现代文明；从环境方面，当地居民对自然环境的维护与影响比旅游者更为直接。总之，生态旅游的发展使得当地居民在科学、经济、技术上对资源实施保护有了客观的可能。在整体层面上，生态旅游的健康发展在经济上有利于促进旅游经济的持续增长，并不断为地方经济注入新的发展资金；在环境保护方面可以对自然环境的保护和管理给予资金的支持，提高旅游经营管理者、旅游者和当地居民对环境保护的意识；在社会效益方面促进公平分配，有利于居民增加就业机会等。这一切将有效地促进生态旅游地社会、经济、文化的全面进步和协调发展。

相应措施

在生态旅游发展的过程中，各个国家和地区都采取了一系列行之有效的措施，主要做法有：

1. 立法保护生态环境

例如，1916年，美国通过了关于成立国家公园管理局的法案，国家公园的管理纳入了法制化的轨道；1923年芬兰颁布了《自然保护法》；自1992年里约会议以后，日本就制定了《环境基本法》；在英国，1993年就通过了新的《国家公园保护法》，旨在加强对自然景观、生态环境的保护。

2. 制订发展计划和战略

美国在1994年就制订了生态旅游发展规划，以适应游客对生态旅游日益增长的需求。澳大利亚斥资1 000万澳元，实施国家生态发展战略。墨西哥政府制订了"旅游面向21世纪规划"，生态旅游是该规划的重点推介项目。肯尼亚政府就制定了许多重要的国家发展策略，其中特别将生态旅游视为重点项目。

3. 进行旅游环保宣传

在发展生态旅游的过程中，很多国家都提出了不同的口号和倡议，例如英国发起了"绿色旅游业"运动；日本旅游业协会多次召开旨在保护生态的研讨会，并发表了《游客保护地球宣言》。

4. 重视当地人利益

生态旅游发展较早的国家肯尼亚，在生态旅游发展的过程就提出了"野生动物发展与利益分享计划"。菲律宾通过改变传统的捕鱼方式，不仅发展了生态旅游业，同时也为当地人提供了替代型的收入来源。

5. 采用多种技术手段加强管理

在进行生态旅游开发的许多国家都通过对进入生态旅游区的游客量进行严格的控制，不断监测人类行为对自然生态的影响，利用专业技术对废弃物做最小化处理，对水资源节约利用等手段以达到加强生态旅游区管理的目的。澳大利亚联合旅游部、澳大利亚旅游协会等机构还出台了一系列有关生态旅游的指导手册。此外，很多国家都实行经营管理的分离制度，实施许可证制度以加强管理。

随着人类文明的不断发展和进步，人类生活水平和对生活质量的要求也不断地提高，如今人们追求回归自然和以优良的生态环境为依托的复合观景、度假休闲及专项旅游，使世界的生态旅游产业市场需求不断转型升级。以森林旅游为主要形式的生态旅游业已在世界各地区迅猛发展，游客人数以每年30%的速度递增，成为旅游业发展最快的部分，如肯尼亚、赞比亚、中国台湾、不丹、日本等。但是，与热潮澎湃的大众旅游相比，我国的自然保护森林生态旅游资源却几乎依然保持"静养深闺"的状态。国家旅游局有关负责人说，森林旅游以其良好的综合效益和可持续发展特性，已成为具有活力和希望的"朝阳产业"。

第二节　中国西部生态旅游现状

中国西部的生态旅游主要依托于自然保护区、森林公园、风景名胜区等发展起来的。1982 年，中国第一个国家级森林公园——张家界国家森林公园建立，将旅游开发与生态环境保护有机结合起来。此后，森林公园建设以及森林生态旅游得到突飞猛进的发展，虽然这时候开发的森林旅游不是严格意义上的生态旅游，但是为生态旅游的发展打下了良好的基础。至1999年年初，全国已经建起不同类型、不同层次的森林公园近900处。从1956年开始建立鼎湖山为第一批自然保护区（1998年确认为国家级）以来，至2012年，共建各类国家级自然保护区363处。

1999年昆明世博会和1999年国家旅游局的"99生态环境旅游"主题活动大幅度推进了中国的生态旅游实践。在1999年，四川成都借世界旅游日主会场之机推出了九寨沟、黄龙、峨眉山、乐山大佛等景点，开发生态旅游产品。随后，湖南张家界国家森林公园举办国际森林保护节，推出武陵源等生态旅游区。以湖南和四川为起点，生态旅游逐渐在全国范围内发展起来。在2001年对全国100个省级以上自然保护区的调查结果显示，已有82个保护区正式开办旅游，年旅游人次在10万人以上的保护区已达12个。但是，在具有众多生态旅游资源的县级城市，生态旅游由于受到旅游市场的冷落、缺少推介和宣传，并没有提升旅游经济，更没有把握具体的资源展示的机会。

目前，在国内开放的生态旅游区主要有森林公园、风景名胜区、自然保护区等。生态旅游开发较早、开发较为成熟的地区主要有香格里拉、中甸、西双版纳、长白山、澜沧江流域、鼎湖山、广东肇庆、新疆哈纳斯等地区。按开展生态旅游的类型划分，中国目前著名的生态旅游景区可以分为以下九大类：

（1）山岳生态景区，如五岳、佛教名山、道教名山等。

（2）湖泊生态景区，如青海的青海湖等。

（3）森林生态景区，如湖北神农架、云南西双版纳热带雨林等。

（4）草原生态景区，如内蒙古呼伦贝尔草原等。

（5）海洋生态景区，如广西北海及海南文昌的红树林海岸等。

（6）观鸟生态景区，如江西鄱阳湖越冬候鸟自然保护区、青海湖鸟岛等。

（7）冰雪生态旅游区，如云南丽江玉龙雪山、吉林延边长白山等。

（8）漂流生态景区，如湖北神农架等。

（9）徒步探险生态景区，如西藏珠穆朗玛峰、罗布泊沙漠、雅鲁藏布江大峡谷等。

"可持续发展"是判断生态旅游的决定性标准，应该说，目前我国西部地区生态保护和生态旅游的意识正在形成，也取得了一定的效果。但现在西部许多地区的政府及有关部门在开发旅游资源时，往往把经济效益放在第一位，缺乏深入的调查研究和全面的科学论证、评估与规划，缺乏对生态旅游的正确认识。特别是新旅游区的开发，开发者急功近利，在缺少必要论证与总体规划的条件下，便盲目地进行探索式、粗放式的开发。开发中重开发、轻保护，造成许多不可再生的贵重旅游资源的损害与浪费。自1982年，在中国湖南诞生了第一个正式命名的国家森林公园——张家界森林公园，到2012年止，中国已经建立了300多个自然保护区，大部分位于西部地区。应该说初衷良好，但遗憾的是这些自然保护区的设立并没有使保护区的生态环境得到较好的保护，反而使这些地方声名鹊起，引来游人如织，自然生态遭到破坏。被誉为"童话世界"的九寨沟，由于上游和周边森林被大面积砍伐，这里原湖泊水位每年降低6厘米~30厘米，致使黄龙钙华堤已开始退化、变色。如再不采取保护措施，这里的岩溶湖将会过早衰亡。湖南武陵源风景区中二氧化硫含量高达0.62毫克/立方米，树林大片枯黄，PH值（氢离子浓度指数）达4.44并出现酸雨、酸雾现象。张家界、南岳衡山大规模的路面硬化，虽然提高了可进入性，但造成了快餐式旅游的烦恼。以前需要两天才能游完的南岳，现在有观光车进入南天门，有观光电梯登顶，已经很难找到昔日还要在禅寺寄宿一晚的乐趣了，更不用说和方丈谈经论佛的荣耀了。另外，广大旅游者的生态旅游知识贫乏，欣赏水平低，环境保护意识差。在生态旅游区内，游人的踏踩、攀摘野花等不文明行为会造成土壤侵蚀，影响自然保护区植物的生长发育和更新。此外，许多导游没有受过专业训练，缺乏基本生态保护知识，不能把保护生态系统的意义等讲解给游客，达不到让游客认识自然、增强环保意识的目的；旅游地社区群众没有或很少从生态旅游中获益。

生态法制有待完善和健全。中国至今还没有一部生态旅游规章制度，缺乏从立法的高度对生态环境加以保护，只有开发者自觉自愿的保护，难免造成生态环境的恶化，影响生态旅游的可持续发展。目前，中国虽然也制定了一些与生态旅游的发展和环境保护相关联的法律和法规，但是具体到旅游资源的开发利用和经营管理，却缺乏相关方面的法律制度的约束，尤其在旅游环境保护法律及规章制度的出台方面表现较为滞后。此外，对旅游景区环境质量的一些具体标准、要求的条款大部分分散在别的法律法规和条例中，这大大不便于旅游开发规划工作的开展和环境管理的改善。《中华人民共和国自然保护区条例》（以下简称《条例》）规定，保护区从结构上分为核心区、缓冲区和实验区。核心区禁止任何单位和个人进入，一般也不允许从事科学研究活动；缓冲区内只许进行科学考察研究活动；实验区内可以进行旅游活动。有的保护区违反《条例》规定，在自然保护区的核心区内从事旅游活动，使原动植物赖以生存的地域减少，它们的生活空间和养料系统也发生变化，从而导致这里的动植物死亡和生态环境的破坏。

【案例1】　　　　　　　　　　洪湖规划①

　　20世纪60年代，伴随着电影《洪湖赤卫队》的公映，一曲
《洪湖水浪打浪》唱响大江南北，其悠扬婉转的旋律、自然唯美
的描绘，一幅鱼米之乡的美好画卷在人们眼前徐徐打开。洪湖
在人们心中留下了"人人都说天堂美，怎比我洪湖鱼米乡"的
美好印象，天堂般的生活让多少人心生向往，洪湖也因此成为
家喻户晓的全国知名品牌。2008年年初，国际湿地公约组织将
洪湖湿地自然保护区列入国际重要湿地名录，更是让洪湖开始
走向国际，成为世界级的资源。

　　随着哥本哈根世界气候大会的召开，国际社会对于生态的
关注达到前所未有的顶峰。为确保洪湖湿地自然保护区的生态
安全和周边地区的可持续发展，适应湖北省"两圈一带"（武汉
城市圈、鄂西生态文化圈、长江经济带）的发展战略，将洪湖
湿地自然保护区及洪湖环湖地区整合成为完整的旅游区，把该
区建设成为湖北省滨湖湿地生态休闲旅游度假的标志性旅游区
迫在眉睫，"湿地生态旅游城"被提上湖北省、洪湖市各级政府
的议事日程。

　　"洪湖岸边是家乡"湿地生态旅游城一期工程位于湖北省荆
州洪湖市境内，洪湖湿地生态区，洪湖之滨，长江北岸。规划
用地现状为鱼塘、藕田、淤泥滩，基本以水体为主。

　　为此，规划紧扣当前机遇，抓住用地现状特征，突出"水"
这一主题，主打"湿地"品牌，以"生态湿地"为核心竞争
力，在保护水生态环境的前提下，运用水科学，落实水上高端
度假项目，充分挖掘水景观，丰富湿地水体验，促进水产业增
值，缔造融高端休闲度假及大众休闲游览为一体的湿地生态时

---

　　① 参见《洪湖湿地生态旅游城一期控制性详细规划》［EB/OL］. http://
www.davost.com/peakedness/13534851410276213754360130298881.html.

尚休闲度假区。

一、规划目标

"洪湖岸边是家乡"湿地生态旅游城一期工程，其定位是区域内的第一生态品牌，是一个良性自循环的复合式生态系统——洪湖生态圈一号。它具体包括四个层面的发展方向：人与自然的和谐共生；修复、保护和发展湿地环境；低能耗、高效益的低碳经济性；多元、高效的生态服务功能综合复合体。

根据这一发展方向，我们提出的规划目标是：中国洪湖国际大湿地生态休闲度假区。

二、规划结构

本案延续规划对该区块的总体定位，结合本案处于洪湖市中心城区西北部洪湖湿地生态区，濒临洪湖大湖的区位特点，在整体结构上提出"承湖启城、分层渐进"的发展模式和"一体两翼、隔而不离"的空间格局。

（一）"承湖启城、分层渐进"的发展模式

本案所处的空间区位决定其空间价值在于发挥"承湖启城"的城市功能。空间上将洪湖良好的自然生态环境，通过东西向的景观生态廊道引入城市；同时将城市的功能和空间形态延续过来，形成良好的城市展示面。区域影响上，借本案的规划发展，带动周边的土地升值，带动区域城市气氛的蓬勃发展，促使项目运营转向城市运营，最大化地整合资源、创造价值。

对于日益稀缺的湿地资源，在开发利用的问题上，将环境保护与生态恢复作为开发建设的前提条件显得尤为重要。如何通过合理地规划控制，以平衡保护与开发之间的关系，成为本案的关键问题。针对这一问题，本案从规划用地的湖城关系入手，采用分层渐进的"层叠式"的开发模式，控制靠近湖边（湿地保护区）的区域开发，同时保证临近城市新区（洪湖湿地生态区）的区域在空间形态和土地性质上呼应城市主题，形成

由湖至城渐强发展的空间开发模式，并在规划用地北侧预留一片由湖至城连贯延续的城市公共空间，形成科普、休闲、体验的主题园区，进一步拉动湖城关系。

（二）"一体两翼、隔而不离"的空间格局

1. 一体两翼

本案将规划用地视为一个整体，使其在空间结构上成为介于城市新区与洪湖大湖之间的关键结合点；并通过规划用地中央反S形的生态水域，促使空间自然形成两侧"高端商务"和"生态休闲"的空间格局。

高端商务组团位于规划用地西南侧，靠近洪湖大湖，私密性和景观效果较好，适合低密度开发项目，主推生态环保理念，采用科技、节能、环保技术，是旅游发展与湿地生态保护的结合点，建成后将成为洪湖旅游开发与湿地保护成功结合的示范区。

生态休闲组团位于规划用地东北侧，临近洪湖围堤，是缝合湖区与城市新区的良好接壤点，该区在功能设置上既要满足大众生态旅游需求，又需承担部分城市功能，为此在项目策划上主要围绕大众休闲和娱乐配套进行展开，包括休闲水街和水上音乐厅及配套游憩码头。

2. 隔而不离

在一体两翼的大结构下，将规划用地合理地分为四大功能区，包括高端商务区、生态休闲区、产权酒店区和湿地生态区。各区功能互异互补、相互独立、相互分隔，同时又巧妙地通过处于中央区域反S形的"湿地生态区"网络围绕其周围的其他三个功能区，形成四区共同的结合点，使相邻各功能区之间产生交集，相互渗透，浑然一体，进而达到隔而不离的效果。

三、规划思路

本案包括金湾河西侧2 200亩（1亩≈666.67平方米，全书同）场地和东侧130亩场地。规划充分考虑到两个相距较远的场地之间在景观形式和功能配置上如何相互呼应和衔接，在功能上将整体分为五个区，包括2 200亩用地内的高端商务区、生态休闲区、产权酒店区、湿地生态区和130亩地在内的集散服务区。各分区在功能上互异互补、错位联动。空间形态设计上则采用"岛中岛""园中园""湖中湖""水中水"等空间模式，设计语言统一而富有变化。

根据当地政府提出的功能需求，规划既需要在2 200亩的用地范围内出现服务于重要国宾、高端商客的高端接待区，又要有服务于普通游客的游览、观光休闲区。这是两个完全不同层级的空间需要：高端接待需要一个宁静淡雅，能够享受和品味洪湖美景，相对私密的高品质独立空间；而大众游览更多的是对游客容量和大众功能的考虑，要求空间的公共性和开放性，让更多的人能够身处其中，体验滨水休闲所带来的乐趣，是一种相对较闹的大众空间。

为此，本案在空间规划中充分考虑到各功能区之间的分隔和联系，将湿地生态区设置在地块中央，以反"S"的形态进行布局，使空间形成亲湖、亲城两大组团。每个组团都有独立的湖城连接点。通过这样一种交合状的软分隔，以达到可分可合、可静可闹的效果，进而满足不同的功能定位。

在场地设计上根据规划用地多为鱼塘、藕田的场地现状，在满足功能需求的基础上，多保留水的空间以减少土方量，强调湿地和水的主题，采用"水中水""湖中湖"的设计思维，更好地契合洪湖湿地环境，以形成对洪湖生态的保护和提升，并衍生出岛的元素，形成"岛中岛"的空间模式。这既有效地区分开高端与大众空间，保证其各自在活动上互不干扰，又有利于空间变化发展，形成大园之中有小园这样一种"园中园"的功能布局。

这种规划实现了高端接待及大众人群共享洪湖大湿地的良好愿景，最终形成功能上分离；景观、生态、水系和游览路线上联通的大空间形态，避免了因分离设置而造成的区域自我隔离和生态封闭。

四、项目策划

在落实当地政府提出的功能需求，同时满足上位规划对本案整体定位的基础上，根据不同区位和文化主题，针对高端商务区、生态休闲区、产权酒店区、湿地生态区四个功能区的空间分布，赋予各功能空间相应的项目内容。从体现湖城联动的思路上，我们策划了洪湖水里、水上音乐厅等能够亲近城市文化、补充城市功能的大众空间；从生态体验的角度出发，在湿地生态区策划了湿地创意园、胜迹园等提供大众休闲、体验的生态空间；从探索和寻求理想栖居模式的角度上，我们又策划了产权酒店（生态别墅）；而在文化传承方面则以洪湖传统的红色旋律为魂，策划出能够契合并传承这一旋律的金湾酒店、酒店别墅等项目。

洪湖水里：休闲水街取名"洪湖水里"，是采用新古典主义风格，提取传统徽派建筑符号，以现代简约的设计手法，通过"里"这一中国民居的基本单元，传达"生长线"的设计概念。休闲水街内设置各种概念店、精美淘宝店、地方风物展示店、特色饭庄等餐饮休闲娱乐设施，以满足吃、游、购、娱、休闲、体验等多元需求，形成区域内富有活力的动感时尚中心。

水上音乐厅：音乐厅位于洪湖水里和金湾酒店之间，依水而立，呈半岛状伸入内湖湖面，与新区次干道隔水相望，有利于形成洪湖新区良好的城市界面，同时在文化功能上与酒店和城市新区互补互通。音乐厅采用钢结构球体形状，东西两瓣分别采用钛金属板和透明玻璃两种材质，虚实对比相得益彰，仿佛波光粼粼的水面上一颗晶莹剔透的明珠。

湿地创意园：位于湿地生态区及整个地块的西北角。它是大众亲湖，体验大湖视野的综合休闲场地。园中以大地艺术的创作和展示为亮点，将生态环境、湿地观光、大众休闲与艺术体验融合于一体，最西端的观湖广场是地块中人文活动展示场，也是欣赏大湖的最佳空间。

胜迹园：位于高端商务接待区北侧，与湿地生态观光区和生态休闲区相邻。它以湿地生态景观为背景，以名人、领导人留墨题词等为亮点，具有露天展馆功能。从中远期发展考虑，它也可作为发展备用地。

产权式酒店：产权酒店因高端、私密性的需要，选取了紧邻大湖，远离大众游客的西侧地块，各建筑组团用若干相对独立的水面分离，通过微地形创造背山面水的建筑布局，前台后院边泳池。别墅北侧为私家种植园，以体现社区农业这一时尚理念；南侧向阳面为阳光露台，拾级而下可直抵滨水公共开放空间和私家码头。每个建筑在一侧设专用泳池，通过种植设计遮挡视线，形成私密空间。在生态方面，别墅采用绿色建筑的设计手法和材质，方寸之地汇集太阳能、地源热泵、雨水收集、中水利用、厨余垃圾处理、社区农业等先进的生态技术和理念。

金湾酒店：金湾酒店位于高端商务区，面向城市新区，临水而筑，与洪湖围堤隔水相望，共享湖面的音乐喷泉，是该区乃至全园的核心建筑。酒店通过其衍生出来的三条轴线，分别呼应周边的三大景观空间，从而形成视觉焦点，是整个规划用地的地标性建筑。其周边景观以缓坡地形为主，小型节点序列满足了观赏游乐需求，同时通过"岛中岛"布局模式的设计，保证其相对的私密性。

金湾酒店别墅：金湾别墅部分的设计以岛为元素，区内水系纵横，便于组织相对独立的功能组团，必要时通过两侧入口的管制可形成封闭式的独立运营空间。别墅或依浓荫之下，或傍小桥流水，周围有一定面积的私家花园，园区环境清幽雅致，区内水榭竹径、连廊叠石、步移景异，处处体现中国园林之精妙。

通过本案对项目用地的控制规划，该区由原来养殖鱼塘、淤泥滩等污染性用地，转化为紧扣时代脉搏、融高端休闲度假及大众休闲游览于一体的生态湿地时尚休闲度假区；成为缝合洪湖新区（洪湖湿地生态区）与洪湖大湖的良好接壤点；是该区体现城市文化与湿地自然环境融合互通的城市生态示范区；是进一步提升该区空间品位和城市价值的增长极。

【案例2】从凉山彝族自治州看生态旅游可持续发展研究

我国少数民族地区大多处于较偏远的地区，拥有良好的自然生态资源和独特的民族文化。在后工业时代，随着环境污染的加剧及人们在旅游过程中对于独特性的追寻，单一的以生态资源为主的观光模式已不能满足人们的需求，深入挖掘民族文化，以独特的民族文化为吸引物的观光模式必将成为趋势。而旅游并非无烟工业，传统的旅游方式不仅造成了自然生态的破坏，也使民族传统文化受到冲击。那应如何解决这一矛盾呢？本文将以凉山彝族自治州为例进行粗浅探讨。

凉山彝族自治州位于四川省西南部川滇交界处，面积6.04万平方千米，辖1市16县，境内有彝、汉、藏、傈僳等14个世居民族，总人口478万。其中彝族人口236万，占49.4%，是我国最大的彝族聚居地，拥有丰富的旅游资源。本例将利用SWOT模型，分析凉山彝族自治州旅游资源的内部优势、内部劣势、外部环境机遇及威胁，同时在此基础上探索适合凉山彝族自治州的旅游模式，以期为推动少数民族地区的旅游经济发展提供一些帮助。

一、凉山彝族自治州旅游资源现状分析

（一）内部优势分析

凉山彝族自治州旅游资源异常丰富，现共有 4 个国家 4A 级景区，1 个国家 3A 级景区，1 个国家历史文化名城，1 个国家自然保护区，9 个省级自然保护区，5 条骨干旅游线路，5 条常规旅游线路，9 个旅游产品群，33 条各类旅游专线。

（1）旅游资源得天独厚。首先，凉山彝族自治州州府所在地西昌市是"一座春天栖息的城市"，冬无严寒，夏无酷暑，四季如春，平均气温 17℃，可同春城昆明（平均气温 14℃）媲美，享有"万紫千红花不谢，冬暖夏凉四时春"之誉；还有距市中心 7 千米被誉为"川南胜景"的邛海、泸山，是御寒避暑胜地，休闲度假天堂。其次，西昌市周边地域有以"螺髻山开，峨眉山闭"著称的古冰川天然博物馆螺髻山；"阳刚挺拔 + 阴柔媚态"的盐源县公母山；山水相依、坚柔并存的喜德县小相岭；童话世界韵味十足的木里县寸冬海子；钟灵毓秀的雷波县马湖。

（2）人文资源厚重绚烂。自秦汉时期以来，14 个世居民族在共存过程中体现出文化差异与融合，并由此而形成多元性的历史文化格局，在社会经济、社会发展形态、文化特征、宗教信仰、丧葬形式以及建筑风格等方面所呈现出的多样化在国内十分少见。反映奴隶制社会形态的凉山彝族奴隶社会博物馆与以"东方的休斯敦"闻名于世的西昌卫星发射中心遥相呼应；春秋战国的大石墓，汉代遗址、古战场、古栈道，明清汉遗民部落关门山，昭觉博什瓦黑岩画群、大箐石刻岩画等历史古迹记载和见证了凉山漫长而厚重的发展历史；首批进入国家级非物质文化遗产名录的彝族火把节、泸沽湖摩梭风情园等，展示着浓郁的少数民族风情；灵山寺、泸山寺庙群、木里大寺等佛教、道教建筑美轮美奂，文化博大精深；全国四大地震碑林之一的西昌地震碑林，保存了许多地震碑记和遗迹；国家历史文化名城会理县凸显着丰厚的文化底蕴、丰富的历史遗存，突出了近代城市建设特色。

（二）内部劣势分析

旅游市场主体不成熟，市场机制不完善。旅游企业作为旅游产品的供给者和市场的核心主体，存在规模小、效益差、竞争力不足等问题，发展很不成熟。截至 2010 年 12 月底，凉山州共有星级饭店 22 家，旅行社 35 家，乡村旅游（农家乐）536 家，旅游汽车客运公司 4 家，旅游车辆 93 辆，旅游商品生产企业 130 家。州内无一家集团化的酒店，无一家旅游集团化的公司，无一家国际旅行社。州内旅行社量小质弱，有些旅行社甚至只能靠票务来维持生存。多头管理体制为凉山旅游业的整体规划与发展带来了诸多不便，甚至成了障碍，重叠的管理机构之间的相互牵制和推诿，直接导致工作效率低下，影响了旅游业的快速发展。

可进入性差，是制约凉山旅游发展的瓶颈。旅游交通包括外部交通、进入景区的交通以及景区内部交通。凉山地区外部交通虽然航空、铁路和公路皆有，但仅有的青山机场为军民合用机场，属小型支线机场，年旅客吞吐量有限且票价昂贵；铁路也只有成昆铁路一线。随着雅西高速公路的全线贯通，外部交通的压力得到了一定的缓解。进入景区的交通方面也不容乐观，如由于攀枝花盐边县至凉山州盐源县的道路不畅通，致使大部分游客宁愿多绕数百千米取道云南宁蒗县到泸沽湖，使凉山流失了许多去泸沽湖观光的游客。

凉山整体形象有待提高，媒体公关有待加强。凉山彝族自治州位于四川省西南部川滇交界处，横亘的大凉山阻碍着与外界的联系，经济相对落后，部分人民生活贫困。近年来吸毒贩毒形势严峻，彝族腹心地的几个县成了国家禁毒工作的挂牌整治县。各大媒体对凉山的报道中也带有某些倾向性，负面报道所占比例较大：毒品、艾滋病、麻风病这些关键词在网络上很容易与"凉山州"关联起来。在旅游产品日益丰富、竞争日益残酷的大背景下，负面形象的强化将对凉山州旅游资源的开发与旅游经济的发展形成重创。

（三）外部环境机遇

凉山州综合交通枢纽建设形成新的发展机遇。"十二五"时期是凉山州综合交通枢纽建设的重要时期，到2014年，西昌主枢纽将初步形成：成昆复线开通，新增6条高速公路、6条航线，全州将依托3个区域性次级枢纽及7~9个节点县，加快凉山同周边省市地区快速铁路、公路、航线大通道建设，凉山交通枢纽建成之时，便是凉山旅游产业的大发展之日。

（四）外部环境威胁

区域旅游发展竞争日益加剧。国务院出台《关于加快发展旅游业的意见》后，全国各地均呈现出竞争发展态势；四川省内成都、绵阳、阿坝等地市州通过灾后重建寻找突破口，发展势头依然迅猛。

入境游市场拓展压力巨大。凉山州虽然一直将入境游作为发展重点，但由于旅游产品针对性不强、宣传促销经费紧张、宣传形式单一等因素，多年来成效甚微。以2010年为例，凉山州入境游人数仅0.078万人次，旅游外汇收入74.4万美元；而国内旅游人数为1 772.69万人次，旅游收入为64.68亿元。

通过上述对凉山彝族自治州旅游资源的分析可以看出，以州府西昌市为主的安宁河流域可以充分利用得天独厚的生态资源大力发展观光旅游，用以开拓大众市场。但仅此一项，不能构建完整的旅游产业体系，也难以促进旅游业的可持续发展。要提升凉山旅游经济实效，就必须考虑如何从单一走向复合的转型升级，而打造文化生态旅游的旅游产品来对应中高端市场及拓展入境游市场无疑是重要的一环。

二、构建文化生态旅游模式

(一) 文化生态旅游模式探寻

文化生态旅游即旅游者通过体验与自然、社会环境协同一致的文化生态资源，从而追求"人与自然""人与自我""人与人"三者之间均衡的文化知识和审美价值，同时强调旅游者在旅游过程中应对旅游环境承担一定责任和义务的一种基于生态文明观的旅游形式，是文化旅游及生态旅游的新发展。由于文化生态旅游的旅游吸引物是具有鲜明特色的物质文化景观和非物质文化景观，在开发过程中既要涉及大量的基础设施建设和生态环境保护方面的内容，也要涉及大量资本的注入，故建议尝试政府主导，吸引旅游开发商及社区居民积极参与的开发模式。

凉山彝族自治州自 2006 年由政府主导实施"一办三创"战略，旅游业成功地实现了跨越式发展：2005 年，在四川 21 个地、市、州中，凉山旅游综合排名在全省倒数第 3；2006 年跃升为全省第 13；2007 年，综合排名位居全省第 10，增幅全省排名第 1；2009 年综合排名第 7，旅游经济增幅居全省第 1；2010 年综合排名第 7，旅游经济增幅居全省第 15 位。这些成果的获取说明政府居于主导地位有其可行性。在凉山州旅游市场主体发育不成熟的背景下，由政府担当主导的角色也有其必然性。而旅游企业在对旅游产品的策划、包装、宣传等方面具有专业性，有资本也愿意注入资本以获取更高的经济效益，但倘若独立开发，难以避免为了追求利益的最大化而进入强化外在物质文化、弱化内在文化内涵的误区。西双版纳傣族园有限公司对傣族园的开发便是一个案例。同时，文化生态旅游所依托的是旅游地社区的文化资本，当地社区居民是文化的载体和主人，故如果没有当地社区的积极、全程、有效参与，旅游资源将难以保持其自然和文化的原生态风貌，最终将影响到文化资本的利用。旅游业的发展也将失去根基,通过发展文化生态旅游而促进当地经济的发展自然也就成了一句空话,所以说当地社区参与是开展文化生态旅游的先决条件。而凉山彝族因宗族、家支具有强大的凝聚力和财产分配权力,能有效避免因利益分配不均导致的社区参与积极性的降低,故其社区参与模式具备了先天的优越条件。

（二）文化生态旅游资源的科学开发和合理保护

发展文化生态旅游无疑将是凉山彝族自治州旅游业的战略选择,然而凉山州目前只将生态资源、文化资源、红色资源的保护与开发纳入《凉山州"十二五"旅游业发展规划纲要》（以下简称《纲要》）,并未明确提出"文化生态旅游"概念,这是《纲要》的美中不足之处。故政府应提高文化生态旅游开发与保护意识,在开发过程中遵循可持续发展的大原则。

首先,科学开发文化生态旅游资源。文化生态旅游资源有些是不可再生的资源,倘若过度开发,有可能造成变异或消失,故应坚持在旅游环境承载力允许的范围内开发,实施小规模开发、有限度的经营,如湿地公园之类的文化生态资源的开发。邛海湿地公园位于国家 4A 级景区邛泸景区内,湿地总面积173.33 公顷（1 公顷＝0.01 平方千米,全书同）,具有丰富的生物多样性和广泛的食物链,对人类和自然生产的水和废物具有天然的接收器作用,是地球相对完美的"肾"组织之一,对控制污染、调节气候、美化环境起着非常重要的作用。湿地公园内 12.33 公顷、47 种的水生植物中,不仅有几近绝迹的鱼鲜草,也有弥足珍贵的"活化石"杪椤。选择在此栖息的 200 多种鸟类,形象地阐释着人与自然和谐共处的理念,人们徜徉其中,在享受视觉盛宴的同时也丰富着我们的知识。公园内的亚热带风情区、海门桥渔人海湾区、生命之源区、祈福灵核心区、柳荫垂纶观鸟区五大功能区的设计,不仅符合游客对景区独特风景的需求，也满足了其对异质文化的追寻。

但有些鲜活的、动态的文化在开发过程中同时也应遵循特色性原则，在保持原始性、自然性的基础上设计出高质量的旅游产品，提高其利用率，如通过设计令游客向往、愿意参与其中的活动，把民俗风情、历史文化、民间艺术等文化生态精华纳入可参与的活动中，让游客在参与中感知、认同、保护文化，从而实现旅游活动地的人文化、生态化、动态化，促进文化生态旅游的可持续发展。如凉山州政府倾力打造的彝族火把节：火把节是彝族文化历史的"活化石"，是彝族最隆重、最喜庆的节日，也是彝族儿女集中展示自己文化精髓的最佳时机，故被称为"眼睛的节日""东方的狂欢节"。届时盛装的人们云集在一起打火把狂欢，跳达体舞联络感情，同时还举行斗牛、赛马、斗鸡、摔跤、选美、服饰表演等庆祝活动，因其独特性以及极强的参与性，备受海内外游客的青睐。

其次，有效保护文化生态旅游资源。旅游者在文化生态旅游过程中对旅游环境承担着保护的责任和义务，入乡随俗，体现出对旅游地文化的尊重是文化生态旅游的重要原则。尊重差异化的民族文化、习俗、宗教，欣赏多样性、交互性、动态平衡性的文化生态之美，理解异质文化而反观自身文化，从而为自身的发展提供参照。同时，旅游者在旅游过程中所带来的外来文化对旅游目的地的社区居民也会造成一定的文化冲击，如服饰、语言上的冲击等，故政府要对社区居民进行教育培训，使其了解彝族文化的精华及价值所在，在有效传播彝族文化的同时也增强彝族人民的文化自豪感，使他们认识到保护自己的民族文化和自然环境就是保护自己的经济利益，从而以一种辩证的态度来应对冲击，在发展的基础上自觉保护和传承文化生态资源，以达到共赢的目的。

第四章 西部地区生态文明建设中的农村生态文明建设

第一节 农村生态文明建设的主要内容

生态文明建设不仅要注重人自身的发展，更要注重人与自然、人与环境的协调发展、可持续发展。这也是我国生态文明建设所要追求和达到的主要目标。在我国，生态文明建设是一个系统而伟大的工程，从区域划分上看，它主要包括两大部分，即城镇生态文明建设和农村生态文明建设。在两种生态文明建设中，农村生态文明建设具有基础性的地位。因此，在我国生态文明建设中，只有农村生态文明建设取得实际效果，我国的生态文明建设才会有根本性的改变和质的突破。

农村生态文明是一个综合性的文明成果。它指的是农民在进行农业生产、经营、生活时，主动、积极地改善和优化农村内部和农村自身发展与自然、城市、社会的关系，以及在建设良好的农村生态环境、塑造良好的农村面貌、提高农民自身素质等方面所取得的一系列物质成果和精神成果的总和。因此，农村生态文明既包括农村生态文明的物质成果，也包括农村生态文明的精神成果，是两种成果的双发展、双丰收。笔者认为，当前我国农村生态文明建设主要包括三个方面的内容：生态农业建设、生态村庄建设、农村生态文化建设。生态农业建设是我国农业经济可持续发展的重要保障；生态村庄建设是我国农民安居乐业的"物质家园"；农村生态文化建设是我国农民安居乐业的"精神家园"。

一、生态农业建设

生态农业的起源，最早可追溯到 1924 年鲁道夫·斯蒂纳（Rudolf Steinen）主讲的"生物动力农业"课程。到 20 世纪 60 年代末期，"生态农业"发展模式逐渐取代"石油农业"发展模式，被认为是继石油农业之后世界农业发展的一个重要阶段。从 20 世纪 90 年代开始，生态农业得到了我国政府的补贴支持与重视。

生态农业，在国外又称自然农业、有机农业、生物农业等；其生产的食品称生态食品、健康食品、自然食品、有机食品等。现今世界很多国家几乎都对生态农业提出了自己的定义或标准。例如，美国农业部就把生态农业定义为：生态农业是一种完全不用或基本不用人工合成的化肥、农药、动植物生长调节剂和饲料添加剂的生产体系。生态农业在可行范围内尽量依靠作物轮作、秸秆、牲畜粪肥、豆科作物、绿肥、场外有机废料、含有矿物养分的矿石补偿养分，利用生物和人工技术防治病虫草害。再如，德国对生态农业提出了以下标准：不使用化学合成的除虫剂、除草剂，使用有益天敌或机械除草方法；不使用易溶的化学肥料，而使用有机肥或长效肥；利用腐殖质保持土壤肥力；采用轮作或间作等方式种植；不使用化学合成的植物生长调节剂；控制牧场载畜量；动物饲养采用天然饲料；不使用抗生素；不使用转基因技术。另外，德国生态农业协会还规定其成员企业生产的产品必须有 95% 以上的附加料是生态的，才能被称作生态产品。笔者认为，生态农业是遵照生态学理论、农业经济学理论、农业种植学理论，并运用现代科学技术成果、系统工程方法和现代管理手段，以及传统农业的有效经验建立起来的，能获得较高的经济效益、生态效益和社会效益的现代化农业和现代农业发展模式。生态农业是一个农业生态经济复合系统，它的最终目的就是将农业生态系统同农业经济系统综合、统一起来，以获取最大的生态、经济、社会整体效益。

我国农村生态文明建设的一项最重要的内容就是生态农业建设。生态农业建设是我国农村生态文明建设的物质基础。做好生态农业建设，其他农村生态文明建设的内容才会有物质保障。在我国，生态农业建设要取得实际效果，就必须做好农民农业科技知识与技能培训工作。而当前我国生态农业建设的一个瓶颈问题就是农民的农业科技知识贫乏与农业科技技能低下。因此，要建设好我国的生态农业，除了资金与政策的支持之外，还必须做好三项工作：一是确定培训主体与培训对象；二是制定一个科学合理的生态农业知识与技能的培训内容体系；三是制定培训的具体途径与方法。

培训主体应主要为农林院校或相关院校的相关人员、农业科研机构的相关人员、政府相关机构的人员。培训的对象应包括农民以及基层从事生态农业科技知识与技能的相关工作人员等。

我国当前生态农业知识与技能培训的主要内容应包括：生态农业相关知识培训、生态耕种培训、生态施肥培训、生态喷药培训、生态农业生产管理培训、农产品的生态加工与销售培训。当前我国的生态农业建设之所以没有在全国范围内大面积展开和取得巨大经济效益、社会效益、生态效益的一个重要原因就是我国缺乏对农民的生态农业培训机制。在笔者的家乡，农民从事农业生产几乎从未接受过什么生态农业生产方面的知识与技能培训，当地农民无论是在耕种，还是在施肥、喷药或是田间管理等方面，都未接受过什么正规的生态农业知识与技能培训，更别说农产品的生态加工、销售方面的知识与技能培训。生态农业对于他们而言还是一个陌生的概念。因此笔者认为，要做好我国的生态农业建设，使其达到发达国家的水平，对农民进行生态农业知识与技能的培训已是势在必行。否则绿色农业在我国只能是一个官方与舆论所倡导的概念，不可能有实质性的内容。如今在我国很多地方，生态环境正在遭到严重损坏，大部分地区的生态环境面临着越来越严重的破坏威胁。如果我们在农民生态农业培训上还没有实质性的培训内容与措施的话，古人所描述的"稻花香里说丰年，听取蛙声一片"的景象，就只能通过想象去体验了。

农民生态农业科技知识与技能培训可以采用多种途径与方式：农业院校或农业科研机构定期或轮流培训方式；县农机站或农业科技推广站（有的称为"服务中心"）长期培训方式；农耕时间下乡现场指导方式；利用农村现有教育资源（如村中、小学）进行一个村一个村的集中培训方式等。充分利用多种途径对农民进行农业科技知识与技能培训，我国农民的科技知识与技能才会有质的突破。对广大的农民进行生态农业科技知识与技能的培训，应充分调动与发挥农林院校和农业科研机构的作用，使他们成为我国生态农业建设的一支主力军。探索一套有效的农林院校或农业科研机构对农民的培训模式，将会加快我国生态农业建设的进程，因此政府应在这个方面，做好统筹工作，制订好长远的培训计划和资金投入规划。农村生态农业建设，如果没有政府的主导，各种措施的实行是无从谈起的。

二、生态村庄建设

生态农业解决的是我国农业以及农村经济的可持续发展问

题，而生态村庄建设要解决的是农民的"物质家园"问题。判断一个村庄的文明程度，经济指标固然是一个十分重要的衡量标准，但一个村的村容村貌同样是一个重要的指标。笔者这里指的生态村庄建设主要是从物质层面来进行的。主要内容有：村庄各种功能区的合理规划、村庄的绿化亮化、村庄的生产生活垃圾处理化。

村庄各种功能区的规划是指对农村的生活功能区、公共休闲功能区、牲畜饲养区、生产生活垃圾集中倾倒区进行科学合理规划。当前生态村庄建设存在的一个最大障碍就是我国大部分村庄没有很好地规划各种功能区，如一些农村地区，生活功能区与牲畜饲养区混杂在一起，从而导致自身的生活环境恶化，特别是在夏天，蚊虫滋生，臭气熏村，严重影响村民的身体健康和村容村貌。另外，就是大部分村庄没有垃圾集中处理区，后果就是全村里里外外似乎成了一个垃圾倾倒区，一旦起大风，各种塑料垃圾就满天飞，有时还甚是"壮观"。在我国农村地区，大部分农村自然村是有自己的公共休闲区的，但农村公共休闲区还存在的一个重大问题就是它已不能满足农村现有的物质与精神文化需要，因此，农村公共休闲功能区建设应包括体育锻炼区建设、图书阅览室建设、休闲娱乐区建设等方面的内容。通过这些功能区的建设，来进一步满足农民的精神文化需要。

村庄的绿化、亮化可以起到美化村庄的作用。对于一些环境保护很好的村庄来讲，村庄绿化还是做得比较好的。但对有些村庄来说，村庄绿化就并不那么乐观，特别是靠近城市的村庄。我们可以把村庄绿化分为两个部分的绿化，即以家为单位的庭院绿化和村庄公共休闲场地的绿化。在农村，当前庭院绿化可以倡导农民种植一些有食用价值的植物，当然也可以种植一些欣赏性的植物。村庄公共休闲场所的绿化，应更多地坚持欣赏性的原则。对于村庄亮化来讲，应根据各个村庄自身的情况而定，对于有条件的村庄，可以实行较为全面的亮化工程（主要指公共场所），而对于条件不太好的村庄来讲，能做好绿化就行了。

村庄生产生活垃圾处理化在我国的道路还很长。从现在的情况来看，我国绝大部分农村地区的生产生活垃圾都未进行过任何处理，直接把处理的责任推给了大自然。随着现代工业对农村的"入侵"以及农民生活水平的提高，大量的工业产品进入农村，农村由于生产生活而消费的工业产品所导致的无机垃圾越来越多，特别是在一些城市周边的农村地区，其危害越来越突出。因此，在生态村庄建设中，村庄生产生活垃圾处理问题，已成为生态村庄建设的一个十分严重而棘手的问题。笔者认为，要做好村庄生产生活垃圾处理化，应做到这几个方面：一是对农民进行垃圾分类与处理知识培训，指导农民有机垃圾综合利用、集中处理；二是以自然村为单位，根据自然村的大小，建立相应的垃圾集中倾倒收集区；三是以行政村为单位，建立相应的垃圾中转站；四是以乡镇为单位，集中清除、处理各个村产生的垃圾；五是政府给予农村垃圾处理费用的相应补助。

三、农村生态文化建设

生态文化作为现代社会文化的一个重要部分，在我国还是一个年轻的文化概念。（直到 20 世纪 90 年代，才在我国引起重视，并在相关文献中得以出现。）人们对生态文化的理解有广义和狭义两种。如有的学者认为："广义的生态文化是一种生态价值观，或者说是一种生态文明观，它反映了人类新的生存方式，即人与自然和谐的生存方式。这种定义下的生态文化，大致包括三个层次，即物质层次、精神层次和制度（政治）层次。狭义的生态文化是一种文化现象，即以生态价值观为指导的社会意识形态。"另一学者卢风也持有广义生态文化与狭义生态文化之说，认为"生态文明就是广义的生态文化"，而"狭义的生态文化是以生态价值观为核心的宗教、哲学、科学与艺术"。农村生态文化也同样具有广义与狭义之分，广义的农村生态文化既包括物质层面的，也包括精神层面与制度层面的农村生态文化内容；狭义的农村生态文化则主要是指精神层面的农村生态文化。

本书所论述的农村生态文化建设是狭义的农村生态文化建设，是精神层面的。笔者认为，当前农村生态文化建设主要有四个方面的建设内容：农村新时期的敬畏文化建设、农村的传统"善"文化建设、农村集体主义文化建设、对农村落后腐朽文化的摒弃。

敬畏文化是我国农村传统文化的一个重要部分，也是我国农村传统生态文化的精髓部分。它指的是传统文化中对农业生产以及农民生活有利的一些生物以及某些与农民的生活息息相关的事物的感恩之德与敬畏之情。它可以分为农业生产性敬畏文化和农村生活性敬畏文化，如对山神、土地神、谷神的敬畏，就属于农业生产性敬畏文化；而如农民在生活中的某些忌讳文化，则更多属于农村生活性敬畏文化。农村敬畏文化的产生主要来自远古的图腾崇拜，以及人们在生产与生活的实践中所认识到的某些动植物对人类有益从而产生的一种感恩文化。这种文化的表现形式就是通过禁忌的形式来保护那些对农业生产和农村生活有益的动植物和某些神，如燕子、青蛙、猫头鹰、山神、土地神、谷神等。一旦这种敬畏文化消失，人们就会失去对那些有益生物与神的崇敬与感恩，其直接导致的后果就是人们对生态的破坏与对某些以前敬畏的神灵的亵渎。如人们失去对某些有益动植物的敬畏与感恩，这也将意味着这些动植物在人们的观念中得不到敬重与保护，随之而来的就是它们将成为人们猎杀的对象和餐桌上的美味，如青蛙在田野中的减少、猫头鹰在夜幕中的消失，都与人们这种敬畏文化的消失有很大的关系。当人们失去了对某种动植物的敬畏之日，就是这种动植物的灾难来临之时。因此，要做到人与自然的和谐发展，就应当对农村传统的敬畏文化进行挖掘与建设，重塑人们对其他生命与自然的敬畏。敬畏其他生命与自然，就是人对自身生命的尊重与保护。

"善"文化是我国传统文化的核心与精髓。在我国无论是儒家文化，还是道家文化、佛教文化，都倡导"善"文化。儒家的"与人为善"，道家的"至善若水"，佛教的"施善与人"，都足以告诉我们，"善"文化是我国传统文化的主流，也是传统文化的核心与精髓。我国传统"善"文化，所追求的目标就是"天人合一"，就是人与人、人与自然、人与社会的和谐发展。善待他人、善待生命、善待自然就是传统"善"文化对每个人以及社会的道德要求与责任。但令人遗憾的是我国的这种"善"文化，在经济的高速发展中，被远远地甩在后面，不讲仁义道德似乎成了我们这个社会的主流文化。因此，笔者认为，重塑我国的"善"文化，建设我国新时期的"善"文化，任重而道远。我们应当把"善"文化建设作为我国的生态文明建设的重要内容，充分发挥"善"文化在我国精神文明建设、物质文明建设、政治文明建设、生态文明建设中的重要作用。在农村，大力建设"善"文化，是农村生态文化建设的重要内容。只有充分发挥农村传统"善"文化，我国农村生活才会更和谐，农村生态文化建设，才会更有实效。

集体主义文化是我同社会主义的核心文化与主导文化。当前农村集体主义文化在市场经济发展中也同样面临着蚕食与遭受破坏的危险。旧社会的"各人自扫门前雪，莫管他人瓦上霜"

的旧思想、个人主义思想似乎又开始在广大农村有冒头的趋势；在某些农村地区，农民对村庄公共事业的不关心，也越来越明显；邻里之间的互助文化也遭到严重破坏。上面所讲的农村垃圾乱扔乱倒、公共休闲区的缺乏，也无不与农村集体主义文化的破坏有密切的关系。农村集体主义文化的破坏与缺失，所导致的严重后果就是人们对公共事业的漠视，对公共资源的掠夺与破坏，对村里和谐人际关系的冲击，小农意识的死灰复燃，农村基层民主的软弱乏力，农村邪恶势力的抬头等。而这一切，如果任其发展，将会严重影响农村生态文化的建设，阻碍生态文明建设的进程。现在农村许多问题的产生，如果从文化源头上去追寻，农村集体主义文化的破坏与缺失，就是其更为隐蔽的祸害与元凶。因此，要建设好农村生态文化，就必须建设好我国农村的集体主义文化。

落后腐朽的文化对农村生态文化建设有百害而无一益。摒弃农村落后腐朽的文化，是农村生态文化建设的一项重要内容。农村落后腐朽的文化有农村落后的生活习俗、封建迷信思想、赌博文化、丧葬文化等。如农村落后的生活习俗所体现的野蛮性、不科学性，在很大程度上与生态文明建设是格格不入的，对农民生态意识的形成构成了巨大的阻碍；农村的封建迷信思想更是生态文明的反面与对立面；农村的赌博文化，在很大程度上是新农村建设的不稳定性因素的来源，是农村很多刑事案件的元凶；在很多农村还存在的落后腐朽的丧葬文化，对农村的生态环境造成了严重破坏，死人与活人争地现象突出。因此，要做好农村生态文化建设，就必须要摒弃农村现有的那些落后腐朽的文化。总之，要建设好农村生态文明建设，就应建设好农民安居乐业的"精神家园"——农村生态文化。

第二节　当前西部农村生态环境分析

农村生态文明是一个综合的文明成果，它指的是农民在进行社会生产与生活时，主动、积极地改善和优化农村内部结构，以及建设良好的农村生态环境、塑造良好的农村面貌所取得的一系列物质成果和精神成果的总和。由此，我们可以看出，农村生态文明的最终实现在于农村社会生产方式、生活方式和思维观念的生态化的实现。而从当前西部农村的实际情况来看，由于工业化和城市化的推进，农村的原生态在一定程度上遭到破坏，而新的生态秩序却没有建立，主要表现在以下几个方面：

（1）农村生态环境保护明显滞后于农村经济社会发展，以四川为例，农村污染负荷占整个污染负荷比重已达30%～40%，部分地区甚至达到70%。有的区域（如沱江流域）农业氨氮排放量大于工业污染排放量，农业排放COD（化学需氧量）比重也大于城市。西部农村环境污染主要表现在五个方面：第一，畜禽养殖污染严重。随着工业化畜禽养殖业的兴起，畜禽粪便和粪水随意处理，已经成为部分地区的一个新污染源。大面积的水面养殖，人工所投饵料也造成了水体污染。第二，小城镇生活垃圾和污水污染突出。随着农村城镇化水平的提高，农村人口向小城镇转移迅速，同时乡村聚居点人口迅速增加，农村居民的生活垃圾由分散走向了相对集中。由于小城镇和乡村居住点对居民的生活垃圾的处理无论在观念上，还是在规划和设施建设上都明显地滞后，甚至是空白，脏、乱、差现象非常突出。这种观念、规划、设施的全面滞后，使居民的生活垃圾得不到及时、有效的处理，造成了农村的环境污染。我国农村每天约有1.2亿吨的生活垃圾产生，这些生活垃圾，已从过去易自然腐烂的蔬菜残叶、瓜皮等，发展到现在的塑料袋、快餐盒、废旧电池等。这些生活垃圾没有经过任何处理，没有统一的堆放点，导致垃圾无序堆放，脏、乱、差现象严重。同时受传统生活方式的影响，厕所仍然采取非封闭状态，这会污染环境、传播疾病。第三，农用化学物质及其废弃物污染继续加大。平均每公顷施用化肥量，远远超过发达国家为防止化肥对水体污染而设置的每公顷 225 公斤的标准，也远远高于全国化肥平均使用量每公顷 330 公斤的水平。受人口激增的压力、科技落后的制约和政策的影响，农业资源的利用是以人工投入为介质的传统掠夺式利用方式，虽然提高了农业资源的利用率，但却产生了严重的生态环境问题。如滥垦导致了严重的沙化现象，只垦不养导致了土地退化和地表植被破坏。化肥、农药、农用薄膜等介质已经成为提高的重要手段，正是由于这种现代化的农业生产手段的使用，造成了严重的农村环境污染。以化肥为例，在农业生产中大量使用的氮和磷随土表流失到河流和湖泊中，使河水和湖水产生了富营养化问题。中国大约有 60% 的湖泊达到富营养化水平，大大超过全球 30% 的平均值。此外，农业废弃物处理不当也带来了严重的环境问题。部分农村在农田中随意焚烧秸秆的习惯，不仅造成资源浪费，而且造成了严重的空气污染。第四，乡镇工业污染突出。由于这些企业大多技术落后、设备简陋，缺乏环保处理设施，排放的污水和废气不能及时有效地处理，致使水资源遭受严重污染，引发人畜、农业用水危机，农业产量连年下降。同时空气受到污染，危害农民的身体健康。例如，从 20 世纪 80 年代一度极为盛行的电镀、砷等的生产到 20 世纪 90 年代后期从国外输入的新型剧毒业——清洗处理废电脑业，都成为乡镇企业的生产项目。乡镇企业粗放经营造成周围大气、水域、农田、农作物的严重污染，并通过能量转移和食物链对人体健康构成严重危害。乡镇企业布局十分分散也是一个因素。据有关统计，目前聚集在小城镇和工业小区的乡镇企业不到20%，80%以上的乡镇企业仍然分散在自然村。乡镇企业污染存在着由点源污染向面源污染转化的危险。许多地方由于急于引进外资、项目，不进行严格审批，导致污染行业和产品从国外向国内、城市向农村、沿海地区向内地转移。西部地区由于经济基础薄弱，发展经济的愿望非常强烈，但又没有条件发展技术含量高、附加值高、污染少的产品，只能接受被发达地区淘汰的产品、技术工艺和设备。而发达地区在转移这些技术、设备和产品时，往往并没有将污染治理技术设备同时转移，从而造成污染转嫁。可以看出，随着城市环保治理力度不断加大，"二元化"城乡环境越来越明显，城市中许多污染性的企业，不断从城市搬到了农村，加重了农村生态环境的负担，对农村生态环境造成了极大的危害。第五，农田基本建设带来生态环境问题。从农田基本建设工程的施工技术方面看，对路、沟、渠的改造往往使用混凝土作为施工的材料。混凝土沟渠虽然能提高输水功能，但也使大量的农药和化肥随着排水系统的改善而加速进入河道，造成水源污染。并且混凝土的路、沟、渠阻碍了农田物种的扩散，降低了种间多样性和种内异质性，导致生物多样性减少和生态系统的适应能力下降。

《2011中国环境状况公报》的数据显示，2011年，环境保护部组织对全国364个村庄开展了农村监测试点工作，农村地表水为轻度污染，农村土壤样品超标率为21.5%，垃圾场周边、农田、菜地和企业周边土壤污染较重。我国农村环境问题日益显现，农村环境形势严峻。

（2）西部农业资源的不平衡性。西部的农业资源看似丰富，其实也存在稀缺性，不少地方随着城市化和工业化，农业最基本的资源——耕地已经处于联合国确定的警戒线以下。如四川耕地从1998年到2008年以年均540平方千米的速度减少，而人口却以年均近 60 万的速度增加，人地矛盾十分突出。从水资源来看，尽管四川人均水资源拥有量超过了全国平均水平，但由于分布极不均衡，水资源与耕地资源的组合极不合理，人口占 92% 的四川东部地区人均水资源仅为全国平均水平的 61%，属于水资源短缺地区。从人力资源来看，由于耕地的边际生产率低，再加上农业比较效益低，西部农村劳动力大量向非农产业转移，投入在耕地上的劳动力越来越少，并引发了不少社会矛盾和问题。

第三节　用循环经济理念指导开展西部农村生态环境保护

循环经济的原则和机理

循环经济是一种按照自然生态物质循环方式运行的经济模式，它要求用生态学的规律来指导人类的经济活动，在实际操作中，循环经济遵循减量化、再使用和再循环的"3R"原则。减量化（Reduce）原则，要求用较少的资源投入来达到既定的产出量，从经济活动的源头开始注重节约资源和减少污染；再使用（Reuse）原则，要求产品在完成其基本使用功能以后，尽可能变成可以重复利用的资源而不是有害的垃圾；再循环（Recycle）原则，要求在经济活动中，从产品设计、材料选取、工艺流程到产品使用、废弃物处理的全过程，实行清洁生产，最大限度地减少废弃物排放，力争实现排放的无害化和资源化。循环经济与传统经济的根本区别在于：传统经济是一个"资源—产品—废物排放"单向流转的线性经济系统，循环经济则是一个"资源—产品—废物排放—再生资源"的闭路循环系统；

传统经济主要强调经济效益，主张从自然界尽可能多地获取财富，循环经济不仅强调经济效益，还强调环境效益和生态效益，主张与自然界和谐共赢，追求可持续发展。

借助于循环经济模式的载体，形成既节约资源、保护农村生态环境，又促进农村经济发展的可持续"多赢"格局，比单纯地强调保护农村生态环境更节约成本，更符合可持续发展的规律，也更容易为广大的农村居民所接受。

从循环经济的角度看，西部农村生态环境问题的症结在于：只注重"经济"，忽视了"循环"；只注重经济效益，忽视了生态和环境效益。按照循环经济的"3R"原则，"减量化"原则在农业生产方面似乎有所体现——减少了耕地和劳动力等生产要素的投入，但是，减少的这两类要素，本身并不会或很少直接增加废弃物的排放而导致环境污染。相反，增加投入的能源、化肥、农药、农膜等要素，却加大了废弃物的排放，从而加剧环境污染。至于"再使用"和"再循环"原则，无论是在农业生产还是农村生活方面，都没有得到普遍、有效的贯彻。比如，畜禽粪便，生活垃圾，生活污水，秸秆和乡镇工业废物、废气普遍缺乏再使用和资源化的利用环节，不仅浪费了资源，而且恶化了农村生态环境。

有鉴于此，当前应做好以下几方面的工作：

（1）普及循环经济知识，增强公民的环境保护意识。目前，循环经济无论是作为一种经济模式，还是一种经济发展理念，对于广大农民而言都还是比较陌生的。所以，首先，必须改革生态环境立法，强调绿色生态的概念。各级政府在促进经济发展的过程中，必须严格按照环评程序来调查和评估项目的投资和经济发展情况。评估重污染和高排放的企业，乡镇企业应严格控制前、中、后等各个环节，减少污染排放，严厉打击违法排污企业，如农村的电镀厂、造纸厂、印染厂和小煤矿等。对土地征用及其使用情况要严加监管，并通过政府行政执法的导向性来培养农民的环保意识。其次，广泛开展环保教育，除了要加强义务教育阶段的环保生态教育外，还要借助各类农民喜闻乐见的方式开展宣传，以介绍新规定、推广新技术、讲述新案例、破除陋习为主要手段，大力推进各类生态知识的宣传普及。加大改善生态环境的教育，增强农民的法律意识和对环境保护的法律认识，懂得维护自己和社会的公共利益。最后，要通过扩大公共服务的覆盖面进一步改善农村地区的生活居住环境，提高农民参与环保的自觉性。政府必须通过加大对农村地区的投入，扩大公共服务的覆盖面，着力改善农村居住区域内的基本公共卫生服务的条件，同时着力美化、净化村容村貌，以良好整洁的环境逐步熏陶村民，改造他们的认识，进而提高他们对农村生态建设重要性的认识和行动的自觉性。通过多形式、多渠道的宣传、教育和典型示范，普及循环经济知识，引导农民接受循环经济理念，提高农民的循环经济参与意识，使他们在观念上认识到发展循环经济、保护农村生态环境不仅是必要的，而且最终受益者是包括广大农民在内的全体公民，他们才有可能借助于循环经济载体，自觉地保护农村生态环境。

（2）制订科学规划，实现农村可持续发展。规划是指导行动的纲领。在新农村建设过程中，各地都制订了相应的规划，规划中也包括了"乡风文明、村容整洁"等与农村生态环境有关的内容，甚至部分农村还制订了专门的环境规划、生态规划。但是，这些规划或专项规划要么停留在文本上，要么彼此独立、缺乏协调，最终的结果几乎都是突出"生产发展、生活富裕"等硬性、显性指标，而相对忽视农村生态环境指标。制订科学的规划，应贯穿农村可持续发展的思想，以农业资源循环利用为主线，不仅强调投入减量化、产出扩大化，而且要有农业生产和农村生活废弃物再资源化的指标，尽可能减少废物排放。

（3）完善农村基础设施，推进农村清洁生产和生活。近年来，政府加大了对农村的投入，四川农村基础设施有所改善。但是，与城市相比，无论是农业生产条件还是农户生活条件都还有很大的差距，制约了农村的清洁生产和生活。比如在农业生产中，一方面，农田水利设施年久失修，农业用水难以满足生产需要，且由于缺乏科学有效的灌溉系统，大量水资源被浪费；另一方面，无机肥（化肥）被超量使用，严重污染环境，且大量有机肥（农家肥）由于缺乏转化机制或效率而被闲置，甚至成为污染源。在农户生活方面，广大西部地区农村自来水的受益率、卫厕普及率、粪便无害化处理率都处在很低的水平。所以，政府还需要增加农村投入，进一步改善农村基础设施，推进农村清洁生产和生活，为保护农村生态环境提供必要的条件。

（4）增加农民收入，提升农民的环境保护能力。农民对眼前经济利益的追求而导致农村环境污染，固然有其观念和历史原因，但更重要的现实原因是农民收入水平偏低，缺乏甚至没有进行生态环境保护的动力和能力。农户的投入需要短期内获得经济回报，而农村生态环境的外部性决定了不可能短期有回报，特别是经济方面的回报，何况城乡收入差距拉大，农户也缺乏必要的资金投入能力。所以，只有切实增加农民收入，才可能提升农民的环境保护能力。

（5）形成激励和约束机制，有效遏止农村环境污染。总体来看，西部各省已经在国家有关发展循环经济的法规、政策基础上，制定了配套的法规和政策，在实践中取得了一定成效。但是，保护农村生态环境的激励和约束机制还没有完全形成，农村环境污染问题还没有得到有效遏止，还需要综合运用财政、税收、投资、信贷、价格等政策措施，调节和影响农户的生产经营行为和生活方式，建立自觉节约资源和保护环境的激励与约束机制：凡是循环利用农业资源、保护生态环境的生产主体的生产经营行为都有利可图；凡是浪费农业资源、污染环境的生产主体都会受到市场或制度的惩罚，即循环经济的外部效应内部化。

（6）推广沼气综合利用技术，改善农村生态环境。实践证明，通过推广沼气综合利用技术，扩大沼气的覆盖面，既可以更大范围地帮助农户节支增收，又可以减少化石能源和薪柴消耗，减少二氧化碳排放，还可以起到保持水土、净化污水、处理畜禽粪污等作用。所以，推广和普及沼气、太阳能、风能等清洁能源，应该是西部农村发展循环经济、保护生态环境十分重要的技术路线选择。

（7）对点源污染和面源污染实行分类控制。农村环境污染既有点源污染又有面源污染，其发生机制不同，应采取不同的控制策略。对于点源污染，通过建设污水、垃圾处理工程进行末端治理控制的技术已比较成熟和规范，但农村环境管理和污染治理既缺乏财政来源，又缺乏筹资对象，因此关键是从筹资和扶持两方面来促进农村点源污染的治理。同时针对不同地区的资源与环境条件，开发、推广切实可行、因地制宜的较低成本的污水、垃圾处理技术。而对于畜禽养殖场则应采取务实的策略，重点应放在适时检查养殖场化粪池的容量与养殖规模是否匹配、化粪池的密闭性是否完好，同时控制畜禽饲养量，使其与周边农田可蓄纳的畜禽粪便量相匹配。对于化肥、农药、地膜等造成的面源污染，应鼓励农民自愿采用环境友好的替代技术，组织科技人员探究农田最佳养分管理，减少化肥、农药使用量，增施有机肥，发展有机农业或综合农业管理模式。在山地丘陵地区推行等高线条带种植，多途径探索农业水土保持技术措施，减少水土流失以及化肥和农药的污染；限定不可降解地膜的使用范围，鼓励使用可降解地膜产品，从源头上控制面源污染的产生和扩展;而在水源保护区则严格执行限定性农业技术标准,对农作物类型、化肥、农药施用量等作严格的界定,确保水源地不受污染。

【案例】　　　从污染黄牌到中国最美乡村①

2010 年,一家国内知名门户网站发起"美丽发现——2009年中国美丽乡村评选"活动,经过网友近一个月的网络投票,浙江安吉这个美丽富饶的乡村最终以网络票选第一的好成绩摘得"中国最美丽乡村"桂冠。然有谁知,曾因污染受到"黄牌"警告的安吉,获此殊荣实属不易。

一、困中思变

安吉县地处浙江省湖州市西部山区,全县"七山一水二分田",赋石水库、龙袍湖点缀其间,黄浦江源头西苕溪穿越安吉孝丰镇,是太湖的重要水源区之一,生态作用十分重要。20 世纪 80 年代,安吉县曾是浙江 20 个贫困县之一,看到周边兄弟县市搞工业发了家致了富,安吉人又急又羡慕,不加选择地引进了一大批企业,一时间造纸、化工、建材、印染产业成就了GDP(国内生产总值)的高速增长,走上争当"工业强县"的发展之路。经过十几年的发展,安吉摘掉了贫困县的帽子,拿到了小康县的牌子,经济发展获得长足进步。然而来不及惊喜,安吉人蓦然发现,环境破坏,生态恶化,黑烟滚滚,污水横流……原本清澈的西苕溪水质变成了 V 类甚至劣 V 类,流域生物多样性锐减,鱼儿几乎绝迹。水污染不仅糟蹋了自己的青山绿水,而且危及整个太湖流域,"靠水"的居民也不能"吃水",饮用水告急。西苕溪"臭"名昭著,安吉成为全市有名的"污

---

① 参见《生态文明建设与可持续发展》[EB/OL]. http://opc.people. com.cn/GB/67481/94158/232162/232165/17057614.html.

染大户"，受到了"黄牌"警告，1998年被国家列为太湖水污染治理重点区域。

安吉怎么办？安吉的发展之路怎么走？当时普遍的观点是，保护生态就等于延缓发展速度，保护生态就意味着放弃追逐GDP（国内生产总值），保护生态无异于甘居贫困和落后。在尖锐的对峙中，安吉没有后退，毅然走上了生态立县之路，这不仅仅是无奈之举，更是科学决策。安吉没有退路，只能迎难而上。安吉旗帜鲜明地表态，污染环境就是破坏生产力，保护环境就是解放生产力，改善环境就是发展生产力，经营环境就是创造生产力。发展传统工业遭遇挫折之后，安吉县开始重新审视自身的特点与优势，意识到必须依托良好的生态环境优势，找寻发展之路。安吉地处长三角核心区块，周边基本上都是工业发达县市，环境或多或少已受到污染。安吉不可能跟别人比GDP（国内生产总值），比财政收入，安吉的优势是山水，出路也在山水。如果另辟蹊径，保护好一方生态，安吉有可能在下一轮竞争中占据主动位置。"痛定思痛"，时任安吉县委书记说："我们认识到，安吉的最大优势是良好的生态环境。生态立县，人与自然和谐发展，成为安吉在新世纪里的新选择。"

安吉的生态立县在一片反对声中艰难起步。安吉县先后投入大量资金对污染企业进行环境综合整治，先后关闭和拆除多家污染企业和生产线，付出了很大的代价。治理专项行动头两年，财政收入仅有12亿元的安吉县就投入8 000万元治理费用，关掉了占县财政1/3的税源。一段时间内，安吉的各项经济指标在湖州市屡屡倒数第一。领导的表扬名单里，安吉似乎消失了，批评对象中却逃都逃不过，只要是与经济发展有关的会议，安吉人总是灰头土脸地坐在最后一排。从工业强县到生态立县，这是一次艰难而痛苦的选择。生态立县的代价是沉重的，1999年，安吉与周边长兴县的财政收入差距仅是4 430万元，2002

年拉大到 15 亿元，差距最大时其财政收入只有长兴的一半。选择生态立县从某种程度上就会牺牲 GDP（国内生产总值），就会放慢发展速度，就会拉大与周边县区的差距。这一发展战略也因此遭到了抵制：光保护生态，经济不上去，一切都是空的！上级领导也担心，没有经济，生态立县立得起来吗。舆论普遍认为，安吉强调了生态，忽视了经济，偏离了发展方向。

就在周边各县市你追我赶比拼 GDP（国内生产总值）时，安吉顶住压力实施经济生态化——凡是对生态不利的项目不上，对环境有害的项目不批。在招商引资中，他们按照"污染企业进不来、进来企业不污染"的要求，严格执行环保一票否决制，一年之中因环保一票否决的外资就达 15 亿美元，内资 3 亿多元。安吉重新审视自身的特点与优势。安吉的发展具有"三个不足，三个优势"。即先天条件不足，后发优势明显；工业基础不足，生态优势明显；经济总量不足，资源优势明显。其中最关键的不足就是工业支撑力不足，最明显的优势就是生态优势。那就发挥生态优势，实施"一产接二连三"的产业互动战略，培育和发展具有区域特色、竞争优势明显的产业。

二、农业产业"接二连三"

安吉的竹子和茶叶既是生态优势也是资源优势，在以往由于环境不好，这两种优势都没有得到发挥，甚至影响到产品的品质和销路，当然也就影响到发展。现在，安吉县要做的就是在保护好生态环境、发挥生态优势的前提下，开发其资源优势。靠着毛竹种植优势发展竹产品加工，再靠生态优势开拓竹海旅游，使一、二、三产业联动起来。如今，"接二连三"的小小毛竹和白茶正成为安吉富民强县的金钥匙。

首先，挖掘山区资源潜力，发展绿色农副产品基地。"川原五十里，修竹半其间"，安吉自古以来就是竹子的故乡，现有竹林面积 108 万亩，毛竹蓄竹量 17 亿株，年生产商品竹 2 800 万株，名列全国"十大竹乡"之首。漫山遍野的竹子造就了中国竹乡安吉良好的生态环境。20年前，安吉走的是"生态资源化"的路子。安吉将毛竹砍伐后，直接卖到上海等地做脚手架。老百姓卖的是资源，破坏的是生态。钢管脚手架取代毛竹脚手架后，安吉开始走"资源经济化"的道路，将毛竹加工成竹凉席等产品销售。毛竹成为安吉经济发展的重要资源。

　　1997年，进入"中国十大竹乡"后，安吉进入了"资源生态化"时期。毛竹真正成了宝贝，传统支柱产业竹制品加工初步实现从根到叶的全面开发，形成了竹根雕、竹凉席、竹胶板、活性竹炭、竹纤维纺织品、竹叶黄酮等系列产品。这里的一切都和竹有关，竹子的利用涉及衣、食、住、行、用等各方面。从传统的竹编织产品到活性炭等高新技术产品，安吉竹产业已囊括七大系列近6 000个品种，用全国2%的竹类资源创造了全国20%的竹产业总产值。安吉孝丰竹产业科技园区成为浙江省工业循环经济试点工作的示范园区。2009年，安吉已有竹产业企业2 362家，规模以上企业153家，年加工消耗毛竹13亿株，竹地板产量占国内生产量的50%以上，竹加工机械制造业占据80%的国内市场。竹产业总值120亿元，农民人均增收6 500多元。

　　安吉白茶被列为国家原产地保护产品，有"中国白茶之乡"的美誉。满山遍坡的白茶园，头戴草帽的采茶女散布其间。溪龙乡黄杜村党支部书记盛阿伟说："我们号称'中国白茶第一村'，种得最早，规模最大，这几天采茶就雇了1万多名外来妹。2009年全村人均纯收入15 600元，全村420户，除了8户病残低保户，其余的全部盖了楼房，宝马、奥迪等高级轿车就有一百多辆。"黄杜村有12家企业在国际、国内茶叶评比中获金奖，形成了大山坞、溪龙仙子、玉叶等一批知名品牌。村里建立了上洋茶叶合作社、女子茶叶合作社等3家合作组织，逐步改变了白茶千家万户自己种植、自己加工、自己销售的经营模式，形成了规模，打响了牌子。

2010年的安吉白茶最高价达21 000元/斤，1 000元/斤的干茶批发价维持时间长达一周。大山坞茶场总经理介绍说，2010年茶场所售的精品白茶都在6 000元/斤以上，比去年的白茶价格高出20%。2006年4月8日，在溪龙乡开幕的第一届安吉白茶开采节上，50克白羽牌白茶拍卖出7 000元的高价。安吉还面向沪、杭等大都市，建立了笋竹、白茶、畜禽、种苗等绿色农产品基地十余万亩。

其次，利用生态优势，打造长三角"都市后花园"万顷竹海万般景，不卖山水卖风光。良好的生态环境让安吉人发展休闲农业与乡村旅游，使安吉农业资源和生态资源变成了农业资本和生态资本。大竹海和白茶园是安吉两道最美的风景线。安吉的高山上种的多是毛竹，低山缓坡上种的则多是白茶。毛竹和白茶相映成趣，将安吉营造成一个人人向往的世外桃源，吸引了无数游人的目光。许多人正是通过毛竹和白茶认识了安吉，才慕名寻访这个山区。安吉拥有大自然的丰富馈赠，境内旅游资源有天荒坪风景名胜区，安吉竹乡国家森林公园，龙王山自然保护区以及世界上品种最全、面积最大的竹类公园——安吉竹子博览园和展示竹子文明史的中国竹子博物馆。"中国竹乡""黄浦江源""藏龙百瀑"等旅游项目引领的新兴旅游休闲产业，使昔日不为人知的山区县逐步成为华东黄金旅游圈的重要节点。与此同时，具有安吉地方特色的竹文化、昌硕文化、邮驿文化、孝文化使安吉散发出独特魅力。

依托71%森林覆盖率的生态优势，安吉直接进军三产，把每个村都打造成一个景点。报福镇中张村村民雷小芳承包了村广场边一处集体房屋，开办"农家乐"，把前来体验畲族文化的游客都吸引过来。客人先到村里赏景，去村民文化广场看表演、跳竹竿舞，然后到雷小芳的"农家乐"里吃饭、休闲、住宿。这不仅鼓了自己的腰包，也带动了村里一大批人就业。她每年上交村里 8 万多元的房租款，这些钱最后又被投入到全村的发展建设中去。沿路、沿山、沿溪，农民们将自己富余的楼房改造成"农家乐"，有餐饮，有住宿，吸引城里人来休闲旅游。石岭村现有"农家乐"28 户，正在打造"农家乐"精品村、省级特色旅游村。2010 年 5 月前，有 10 多万人次到报福旅游，给报福镇带来旅游收入超过 1 200 万元。在报福镇石岭村，"江氏农家"业主江永恒咧开嘴笑了。安吉县环保局已将浙江大学科技攻关项目应用到这里，餐饮污水连同其他污水排至一个深两米的三格式厌氧池，再流入"多介质土壤层"滤池，经其中的微生物等作用，最后变成了清澈透明的水。这套系统每天能处理 6 吨餐饮污水，总造价不到 4 000 元。

"长三角战略"使安吉旅游业快速发展，成为全县经济新的增长点。2009 年，全县接待游客 5 436 万人次，旅游收入达 22 亿元。2010 年上半年，全县接待游客 340 万人次，旅游收入达 19 亿元。安吉县提出 5 年内完成旅游业向休闲产业转型，将安吉打造成长三角乃至全国范围内最具活力、最具品牌的大众休闲旅游目的地、大都市人群的第二居住地、休闲度假胜地和区域总部经济（创意经济），到 2011 年年初步建成休闲经济大县。

三、建设"中国美丽乡村"

经过 8 年的艰苦努力，安吉"生态立县"之路终于从怀疑的目光中走出来，看到了曙光，得到了社会的正式认可。安吉人并没有就此止步，而是在思考"实现小康以后干什么？区域领先争什么？经济发展为什么？"经过一年多调研，2008 年 1 月 15 日，安吉县在县委十二届三次全体（扩大）会议上，正式提出"中国美丽乡村"计划。这一构想的具体内容是，发挥安吉已有的生态优势和产业特色，用 10 年时间，推进农村环境的综合提升、农村产业的持续发展和农村各项事业的全面进步，把安吉建设成"村村优美、家家创业、处处和谐、人人幸福"的现代化新农村，把安吉打造成"中国最美丽的乡村"，使之成为继"中国竹乡""全国首批生态县"之后的第三张国家级金名片。强大的经济基础为打造"中国美丽乡村"的扎实推进提供了保证，县财政每年安排1.2亿元作为生态建设和"中国美丽乡村"的创建资金。作为全国新农村与生态县互促共建示范区和首批"全国生态文明试点建设"地区之一，安吉县以"中国美丽乡村"为载体，对全县村镇环境进行了全方位的改造建设，集中实施道路联网、千库保安、建筑节能、健康人居等工程，重点建设道路沿线景观大道、生活污水处理和垃圾收集系统、企业提标改造、河道整治和违章建筑拆除、房屋立面改造等项目。安吉把整个县域当做一个大乡村来规划，把每一个村当做一个景点来设计，把每一户人家当做一个小品来改造，致力于推进环境、空间、产业和文明相互支撑。一、二、三产业整体联动，城乡一体有机连接，力求全县美丽、全县发展。环境提升工程是能否成功创建"美丽乡村精品村"的决定性指标。马家弄村里原有的分散式生活污水处理工程已经跟不上村子发展的步伐，也不符合"美丽乡村精品村"的要求，于是决定新建两个集中式生活污水处理工程。得悉这一情况后，县环保局工作人员立即来到马家弄村现场指导项目建设，进行"多包一"式的帮办。不止是马家弄村，安吉县近100个创建、提升美丽乡村或进行生态村创建的村，都得到了环保部门"一包一"或"多包一"的帮办。安吉县还将推广使用新能源与村庄环境整治紧密结合在一起，一栋栋色彩淡雅、样式别致的农民居住小楼镶嵌在青山绿水当中，街道干净整齐，大部分房子的屋顶都装上了太阳能热水器，村里所有的路灯也都靠太阳能发电。

2008年是当了15年剑山村村支书的项利成最累的一年。这个已 55 岁的老支书正带领着全村人建设美丽乡村,这项建设也使他在村里的威望达到了顶峰。宽敞、平坦、硬化的村道边被树木和花草环绕;溪水清澈,山泉、自来水进入家家户户;如同小公园的村部广场树木成林、花草成坪,一批色彩鲜艳的健身器材点缀其间,每晚都有上百村民跳舞、娱乐。剑山下的沼泽地,正变成鸟语花香的湿地公园。还有乡村旅馆、老年养生、生态屋群落正在建设中,这些构成了剑山村规划中的美丽村庄。全村 30 多个家庭企业集合在一起,生产污水集中进管网,不让一滴污水影响环境。10 年前,项利成所在的剑山村穷得叮当响,是当时全县 6 个贫困村之一。而现在,剑山村已名列全县 187 个行政村前 20 位,2009 年全村人均收入 14 万余元。70 岁的村民陈小毛家是美丽乡村建设的受益者,2008 年他家人均收入 16 万元。"环境好了,村里更美了,不出村都不断有客人上门来,这日子越过越有奔头了!"陈小毛乐呵呵地说。

美丽乡村建设已成为广大农民的自愿行动。鄣吴镇的玉华村项目启动后,在村民的支持下村容村貌大变样,项目完成后评上了美丽乡村精品村,村民们激动得热泪盈眶。相邻的景坞村行动迟缓,村民不高兴了,他们对村党支部书记曹成法说:"你不带领我们参与美丽乡村建设,你就下台!"曹成法急了,赶紧启动项目。地处偏远的迁迢村曾是杂物乱堆乱放、垃圾乱丢乱倒、污水乱泼乱排的小山村,该村原本没有列入"中国美丽乡村"建设行列,可全村村民人人签名,村干部个个立下军令状:不改变面貌就引咎辞职。县领导感动了,批准了他们的要求。如今该村已是面貌一新,村口的臭水沟变成了景观渠,蚊蝇乱飞的垃圾场变成了健身公园。2009 年,安吉建成"中国美丽乡村"91 个,累计获得全国环境优美乡镇 12 个,省级生态乡镇 13 个,完成 187 个行政村的村庄环境整治和 60 个行政村的村庄环境整治再提升,农村人口受益率达 83.8%。

英国卡迪夫大学规划与研究国际中心专家约翰教授，在对安吉美丽乡村建设考察后赞叹不已，觉得这样的经验应该向世界介绍，让全世界知道。2010年2月24日，住房和城乡建设部授予安吉县"2009年中国人居环境奖"。它是2009年全国唯一一个中国人居环境奖获得者，开创了以农村人居环境改善为申报主题和以县为单位获得我国人居领域最高大奖的先河。

四、"全国生态文明试点"渐入佳境

生态立县和美丽乡村建设提升了安吉的经济实力。2009年，全县地区生产总值达到15 952亿元，财政收入达183亿元，城镇居民可支配收入达22 500元，农民人均纯收入达11 380元，成功实现了产业和生态的互促共进。

如今的安吉，天很蓝，山很绿，水很清，植被覆盖率已经达75%。水体质量常年保持在Ⅰ、Ⅱ类，空气质量为Ⅰ级，被称为天然的生态氧吧。有关专家介绍，安吉每立方米空气中的氧分子含量比城市里要多35%以上，吸引了许多距此60千米的杭州人到此落户。"生态立县"战略让安吉的区位优势、资源优势、产业优势、人文优势得到充分显现，通过保护生态环境，创造了新的发展机遇。自安吉提出建设中国美丽乡村后，农村面貌焕然一新，先后获得了多项殊荣。2006年安吉县成为首个国家生态县，2007年成为唯一的"全国新农村与生态县互促共建示范区"，2008年被环境保护部确定为全国首批生态文明建设试点地区之一。著名"三农"问题专家对"安吉模式"给予了高度评价，并指出安吉的新农村已经达到了日韩乡村的水平，农村文化的挖掘和弘扬有欧洲的风格。2010年6月17日，浙江省委书记在安吉调研时说，安吉以"科学规划布局美，村容整洁环境美，创业增收生活美，乡风文明素质美"为目标要求，尊重农民意愿，加强政策引导，扎实推进美丽乡村建设，走出了一条科学发展的新路子。

五、启示

第一，良好的生态环境也是一种优势资源，关键是如何把生态资源变成生态效益，使二者相得益彰。安吉的实践告诉我们，山区县的资源在山水，潜力在山水。山区县的发展完全可以摒弃常规模式，按照"经营环境"和"享受环境"的全新理念，让区位优势、资源优势、产业优势、人文优势得到充分显现。通过保护生态环境，为未来区域可持续发展积累物质基础；通过绿色发展，创造区域新的发展机遇，形成生态保护与区域发展良性互动的局面，走出一条通过保护生态环境带动区域经济发展的全新道路。

第二，打造中国美丽乡村是推动农村生态文明建设的重要抓手。安吉县通过打造中国美丽乡村把生态文明建设推向了全社会，变成全社会共同参与的目标。安吉县将生态理念融入经济社会发展和管理的各个方面，促进了人与自然、人与社会的和谐，将一种新的人与自然关系及人与人的关系展现给世人。

【案例2】以西昌市大箐乡白庙村为例看民族地区乡村旅游与新农村建设互动发展

一、西昌市大箐乡白庙村优势资源分析

（1）生态资源得天独厚。大箐乡（彝语意为鸟语花香的地方）境内有9.5万亩成熟飞播林区，森林覆盖率达76%，且牧草资源丰富。境内全是山地，最高海拔2 925米，最低1 720米，居民及游客生活其中均不会产生高原反应，适宜居住及旅游。气候属横断山区气候，冬无严寒，夏无酷暑，四季如春，平均气温15℃，可同春城昆明（平均气温14℃）媲美，是御寒避暑胜地、休闲度假天堂。

（2）民俗风情纯正朴实。大箐乡是纯粹的彝族乡镇，白庙村下辖7个村民组，耕地面积约422亩，总户数为541户，总人

口 2 049 人，均是彝族土著居民。彝族的银饰手工技艺、毛纺织品及擀制技艺等民族工艺、民居建筑、服饰饮食、音乐舞蹈、婚丧嫁娶、节日庆典等均保持着浓郁的民族风情。

（3）区位优势突出。白庙村距离凉山州州府西昌市区 15 千米，自驾车约 30 分钟，省道西巧公路纵贯全境，交通极为便捷。同时，白庙村北临国家 4A 级景区、被誉为"川南胜景"的邛海——泸山景区；南距以"螺髻山开，峨眉山闭"著称的古冰川天然博物馆螺髻山（国家级 4A 级景区）18 千米，且是其必经之地。故可依托两大著名景区，利用自然风景资源和乡村旅游资源互补的组合优势开发乡村旅游产品，提升乡村旅游的品质。

二、西昌市大箐乡白庙村新农村建设促进乡村旅游的发展

2005 年 10 月，中共召开十六届五中全会通过了《十一五规划纲要建议》，提出按照 20 字方针的要求，扎实推进社会主义新农村建设。四川省也结合省内实际情况于 2010 年在全省开展城乡环境综合治理"五十百千示范工程"。西昌市大箐乡白庙村抓住机遇，积极进行新农村建设，满足了游客对乡村旅游环境硬件设施及人文软环境的需求，促进了乡村旅游的发展。

（一）村庄布局规划合理，基础设施趋于完善

白庙村利用打造"五十百千示范工程"省级示范点的机遇，融合地域和彝族文化、传统民居特色，以彝族乐器"月琴"为依据，对村庄进行了特色规划：进得来，村民游客进入方便；聚得拢，有足够的公共活动场所供游客活动；藏得住，村民能藏于村落，村落能藏于自然，旅游活动的开展不影响村民的自由生活；看不透，相互之间合理间隔，错落有致，避免一览无余；走得通，居民和游客轻松走遍整个村落，不容易迷路。21栋彝风式雕梁画栋的风情房屋，青砖白墙，清新雅致；客厅、厨房、主卧、客卧、厕所、停车场等一应俱全，完全达到了

"外部突出特色、内部优化功能"的要求。

村庄基础设施趋于完善。与外界相连及村内的主干道、入户道路全面硬化，增加了旅游的可进入性；通水、通电、通网、通电话、通电视等问题的解决既提高了村民的生活质量，也满足了游客的需求；节水灌溉、渠系配套等农田水利基础设施得到提升，为农业的产业化发展奠定了基础。

（二）村容村貌整洁卫生，文明乡风纯正朴实

白庙村在新农村建设过程中通过实施庭院绿化、美化工程，发动村民在房前屋后种树栽花，使公共绿地面积达到 11.2 平方米/人。村民响应号召，积极使用环保清洁能源，修建沼气池 285 口，改变了砍伐林木做燃料的生活习惯；家家户户使用太阳能，让烧水洗澡成为了历史；有效减少了炊烟污染，促进对大气环境的保护。建立的 2 个垃圾中转站，设立的 13 个垃圾桶，解决了农村生活垃圾不能有效处理的难题，防止垃圾对土壤的污染；同时通过排水管网将生活污水汇聚到氧化塘进行处理，并达到农田灌溉排放标准，加强了对水质的保护。该村通过以上措施着力打造和维护良好的乡村生态环境，使村容村貌焕然一新，为乡村旅游的发展提供了平台。

然而，新农村建设不仅包括对农村生活环境的改造，还应更加注重农村精神文明的建设，避免进入"只见新村，不见新农"的误区。白庙村通过开展"除陋习、树新风"活动，利用板报、标语、会议、音像等多种形式宣传普及文明卫生常识，倡导文明行为和良好卫生习惯，并制定"村规民约"加以强化。同时，利用彝族特有的具有强大影响力的家支文化，开展村民互助，如彝族家庭中若有孩子因家庭贫困不能上学，会由家支出面，采用每家分担费用的形式解决费用及相关问题；在遵循国家的法律的前提下，家支会利用习惯法解决家支及族人之间的矛盾冲突。独特的彝族家支文化，在维系着淳朴民风的同时也成了

旅游吸引物，吸引着旅游者欲身临其境感受异质文化。

三、西昌市大箐乡白庙村乡村旅游发展推动新农村建设

自国家旅游局将 2006 年定为"中国乡村旅游年"以来，乡村旅游便在全国范围内掀起了发展高潮。四川省本是国内现代乡村旅游的发祥地，然而诸如成都市三圣乡的乡村旅游发展模式并不适合偏僻的少数民族地区，故于 2008 年 4 月，四川省人民政府办公厅发布了《四川省民族地区旅游产业发展规划（2008—2012 年）》，规划布局了一批"彝家乐""藏家乐""羌家乐"及特色家庭旅馆，启动建设一批特色牧（农、林）家乐示范乡、示范村和示范户。西昌市因为发展突出，于 2010 年被授予"四川省乡村旅游示范市"的荣誉称号。而白庙村因具有优势资源，在西昌市的乡村旅游发展队伍中异军突起，取得了较好的成绩，推动了民族地区新农村建设的发展。

（一）优化农村产业结构、拓宽农民增收渠道

白庙村因地处二半山区，畜牧业便成为其第一大支柱产业，主要养殖生猪、牛、羊、鸡；农业以种植土豆、玉米、荞麦为主。农民经济收入十分有限。自大力发展乡村旅游以来，该村修建了彝族"农家乐"7 家，彝家特色烧烤摊 30 余个，彝家店、小卖部 20 余家。饲养的生态猪、生态羊，种植的土豆等不再作为低廉的初级农产品出售而变成了农家乐餐桌、烧烤店里的美味，身价倍增；生态鸡、绿色土鸡蛋也成了游客眼中的稀罕物，遭高价抢购。乡村旅游经济的发展，延长了农业和畜牧业等相关产业链，也使乡村旅游的收益更多地留在本地，成为了白庙村经济新的增长点。

（二）深度挖掘民族文化，动态传承文化精髓

白庙村充分利用太阳历广场、长寿梯、观景台等资源，以一年一度的被誉为"东方的狂欢节"的彝族火把节和被称为"嘴巴的节日"的彝族年为契机，深度挖掘彝族节庆文化内涵，

推动节庆旅游的发展，提升乡村旅游品质。如2012年春节期间（1月23日～1月28日）举办的以"千年彝韵，白庙溯源，探秘古老彝族文化"为主题的西昌大箐乡白庙村古彝文化节，接待了来自成都、攀枝花、重庆等地及州内游客2.7万人次，自驾车4 177辆，实现旅游收入近57万元。类似活动的举办在促进村民收入提高的同时也有效传播了彝族文化，增强了彝族人民的文化自豪感，使他们认识到保护自己的民族文化就是保护自己的经济利益，从而更自觉地保护和传承民族文化，达到共赢状态。

（三）提高村民文化素质，提升生活幸福指数

乡村旅游的发展，离不开白庙村村民的积极参与。村民在投资、经营乡村旅游过程中，通过学习、交流、培训，提高了文化素质（如学习了相关的经营管理知识、学会用汉语和普通话与游客交流等）和自身修养（如礼仪修养），改变了生活陋习（如彝族村民惯有的席地而坐的习俗）。同时也因乡村旅游的发展拓宽了村民的就业、收入渠道，使许多村民不用到异地他乡就能挣钱养家，促进了农村、社会的稳定，也提升了村民的生活幸福指数。

四、乡村旅游与民族地区新农村建设的互动关系

乡村旅游的发展和民族地区新农村的建设体现出当代中国经济社会发展进程中第三产业和第一产业相互促进的良性互动关系。主要体现在以下两方面：首先，民族地区新农村建设为乡村旅游的发展提供了平台和载体。科学合理的村庄布局规划和良好的自然生态环境，满足了游客心目中对自然乡村景观的建构；完善的基础设施和整洁的村容村貌又适应着城市居民对生活环境的要求；淳朴的乡风和民族风情驱动着游客追寻异质文化的脚步。新农村建设的目的和措施客观上均促进着乡村旅游活动的发展。其次，乡村旅游涉及食、住、行、游、购、娱

六大方面的活动，将会激活乡村加工业、商业、服务业、运输业等多种产业，在促进农村产业结构转型升级的同时也为当地村民提供了更多的就业与发展的机会，从而达到增加农民收入的目的，起到拉动民族地区农村经济增长的作用。俗话说"仓廪实而知礼节，衣食足而知荣辱"，只有民族地区农村生产发展了、农民生活宽裕了，民族文化精髓才能得到动态传承，民族地区农民赖以生存的自然生态环境和资源才能得到有效的保护和可持续发展。

但与此同时，乡村旅游的发展与民族地区新农村建设二者之间也存在着相互制约的关系。在新农村建设过程中，倘若不注重村民赖以生存的自然生态资源及文化生态资源的合理开发与科学保护，会使森林资源退化，大气环境、土壤、水质等遭到污染，或是村民不能辩证地应对旅游者在旅游过程中所带来的诸如服饰、语言上的外来文化的冲击而被同化，这些都将严重制约乡村旅游品质的提升及发展。反之，乡村旅游在发展过程中若不注重因地制宜、搞特色开发和品牌建设，只是低层次的同质化的重复推广，将会造成乡村旅游资源的闲置和浪费，也不能为新农村建设提供产业支撑，无法有效解决"三农"问题，从而影响新农村建设的进程。

第五章　西部地区生态文明建设中的城市生态文明建设

第一节　引言

　　早在工业革命的前夜的 1798 年，英国神学家、经济学家马尔萨斯就曾警告人口呈几何级数增长的潜在危险，并告诫如果不加控制，生活资料的增长将不能满足人口的需要。虽然他的观点长期受到相当程度的反对，且他的生活资料增长永远赶不上人口增长的观点也被证明未必正确，但他对人口不加控制地过快增长将导致社会危机的观点，同样被历史证明是先见之论。因此，一些早期的经济学家，如亚当·斯密、大卫·李嘉图等，都敏锐地意识到人口过快增长与资源间的不匹配，将使增长本身变得不可能。

　　进入工业化时期，人们开始愈来愈深切地感受到人类活动与环境恶化的关系。19 世纪末，美国学者乔治·马奇（George Morth）指出，人类活动使得环境恶化，对自然资源不断产生毁灭性破坏。他警告，若地球"毁灭"、物种消亡，必是人类对自然"犯罪"的结果。

　　然而，在上述警告发出后的百余年间，人们虽然对人类活动与环境恶化的关系有愈来愈多的认识，但对于自身的经济不断增长给资源有限的地球造成的危害，整体而言，却是很少谈及的。主要原因是，在工业化的凯歌高奏时期，人们能够看到的，主要是科学与技术在增加生产方面的"伟大成就"。相形之下，那少数担心非再生性能源（煤炭与石油）的迅速消耗将带来恶果的声音，也就显得很微弱了。

第二次世界大战后，人们努力追求的全球经济发展出现了新势头。与此同时，许多问题交织出现，如人口增长问题、工业扩张问题、世界承受相应重压所面临的制约等问题，都威胁着人类未来的生存。在此背景下，哈里森·布朗（Harrison Brown）出版了《人类未来的挑战》一书。书里指出：由于自身的不稳固以及不节制的资源开发，世界终将随着工业文明的衰亡而大受创伤，唯一可能的解决办法是通过有权威的政府严格限制个人的自由，通过认真地计划而制约工业文明的成长，从而建立起新的社会整合机制。

20世纪70年代以来，工业文明的各种危机日益加深。这在客观上促进了现代环境科学与生态科学的发展，促进了人们运用生态学理论和观点对工业文明的危机进行深层次的反思。从而认识到，工业文明的危机虽然具有各种各样的表现形式，但归根结底都是生态危机：资源衰竭是人类滥用自然资源的结果；环境污染是人类向生态环境中肆意排放废水、废气、废渣的结果；人口过剩是人口增长与资源、环境不相适应的结果；能源短缺是人类过度开发环境中的矿物燃料的结果；城市环境恶化是城市发展、城市结构、城市功能与环境不相适应的结果；贫穷与饥饿也部分地起因于人口增长，经济发展与环境、资源的不协调等。在此基础上，"生态文明"渐渐成为共识，即要求文明应向可持续的方向发展。

随着近现代科学技术的不断进步，以现代科技飞速发展为动力和支撑的工业文明创造了农业文明不可与之相比拟的伟大成就。在过去三百多年特别是最近五十多年的工业化过程中，人类社会在极大地发展社会生产力并创造空前规模物质财富和丰富多彩的精神财富的同时，也建造了一大批工业文明的主要空间载体和现代人类活动聚集地——城市和城镇网络体系。

城市是一个以人为主体、自然环境为依托、经济活动为基础的社会联系极为紧密和按其自身规律不断运转的有机整体。城市是人类主要聚居地之一，是人类经济、政治和精神活动的中心。城市伴随着工业文明兴起的，随着工业文明进一步的深化而进入了现代化阶段。城市化成为当代各国社会、经济发展的一个主要趋势，而其水平的高低则是衡量一个国家社会经济进步状况的重要标志。城市化一方面孕育了现代文明，促进了经济文化和科技的发展，并改变了人们的传统观念；另一方面也产生了大量的城市垃圾，出现了环境污染、资源浪费、能源短缺等城市问题，使城市化进程受到前所未有的挑战。据美国城市地理学家诺瑟姆总结的世界各国城市化历程及其规律表明：一个国家城市化水平达到30%以后，将进入加速发展阶段。

我国城市化发展经历了一段时期的抑制，主要原因是：新中国成立以后的一段时间里，我国走的是一条"积极推进工业化，相对抑制城市化"的道路，使城市化严重地滞后于工业化。随着改革开放的推进，我国社会、经济发生了诸多变化，生产力得到显著的提高，许多城市化制约因素也不断得到改善，使我国的城市化进程不断加快。由此可见，我国城市化水平己进入加速发展阶段，城市化浪潮势不可挡。

我国城市化进程的加快在带动我国整个社会经济的快速发展中起了极大的推动作用，但现阶段我国城市化现象主要表现为城市的不断扩大和城市数量的增长，而城市内部结构和功能并没有得到相应的提升和完善，许多基础设施和环境保护措施不能配套进行、协调发展，于是导致一系列问题产生，如环境污染与破坏、交通拥挤、住房困难、失业人口增多等，从而影响整个国民经济和社会的发展，尤其是环境污染和生态破坏影响很大。

城市的可持续发展不仅对城市本身具有重要意义，而且对全人类的生存和发展也有重要影响。当今，全球城市化趋势越演越盛，已有一半人口生活在城市中，预计2025年将达到三分之二的比例。因此，城市生态环境将成为人类生态环境的重要组成部分。在联合国"人与生物圈"计划的指导下，世界上许多国家展开了可持续发展的生态城市研究。"生态城市"给城市发展提出了更高目标，也对城市生态提出了更高要求。

当今世界发生的新一轮科技革命、产业革命与正在兴起的绿色革命之间的互动，以及在实施可持续发展战略条件下出现的工业文明与生态文明并行交叉过程，是我国城市发展面临的大背景和大趋势。在这种大背景、大趋势下，很自然地提出了生态文明与城市生态化这一重大研究课题。建立在工业文明基础上的城市现代化与生态文明基础上的生态城市二者的衔接与融合，则成为这一重大课题中的核心问题之一。

在西方发达国家，生态文明理论指导下的城市研究历来都是社会科学研究的热点之一。城市现代化建设是城市在国民经济发展到一定程度的必然选择。但在这必然的过程中，城市的现代化过程中出现的环境问题成为困扰人类十大问题之首，所以人们提出了生态城市建设的理论，以解决城市现代化给我们带来的困扰。但是生态城市建设在一定程度上抑制了城市现代化的发展。如何从理论和实践的角度既使城市在规模和经济上得到发展，又可以有一个良好的生态环境，最终达到城市的可持续发展。1984年城市生态学家亚尼茨基（O. Yanistky）提出，生态城市是指自然、技术、人文充分融合，物质、能量、信息高效利用，人的创造力和生产力得到最大限度的发挥，居民的身心健康和环境质量得到维护，是一种生态、高效、和谐的人类聚居新环境。美国生态学家理查德·瑞吉斯特（Richard Register）认为生态城市即生态健康的城市，是低污、紧凑、节能、充满活力并与自然和谐共存的聚居地，生态城市追求的是人类与自然的健康与活力，并认为每个城市都有可能利用其自然资源，将原有城市建设转变成生态城市建设，实现城市生态化和生态城市普遍化，促进城市的健康和可持续发展。唐顿（P. F. Downton）认为生态城市就是人与人之间、人类与自然之间实现生态平衡的城市，并指出创建有活力的人居环境、构建与生态原则一致的健康的经济、促进社会公平与改善社会福利是生态城市建设的关键。

我国学者在生态城市建设中也提出了许多新的看法，沈清基（1998）认为生态城市是一个经济发达、社会繁荣、生态保护高度和谐、技术与自然达到充分融合，城市环境清洁、优美舒适，从而能最大限度地发挥人的创造力和生产力，并有利于提高城市文明程度的稳定、协调、持续发展的人工复合生态系统。郭中玉（2000）在研究珠江三角洲生态城市类型与调控对策中指出，生态城市应该是结构合理、功能高效和关系协调的城市生态系统。生态文明是实现人口、资源、环境、生态相协调的新的社会结构范式，是人类为了可持续发展，在经过农业文明、工业文明两次选择后进行的第三次选择；生态文明是以人类社会与生态系统的和谐发展、共同进化为核心的物质、精神和制度成果的总和；生态文明是一种新的生存和发展理念，人类历史发展的必然，同时又是人类的自觉选择。人类社会和生态系统和谐发展、共同进化是生态文明的核心灵魂。其基本特征是：思维方式的生态化、发展方式的生态化和消费方式的生态化。以罗马俱乐部《增长的极限》为代表的悲观主义者主张为了摆脱生态危机，拯救人类，只有放弃造成生态危机的工业化，倒转生产，停止发展，回归自然，才是走向生态文明的唯一出路；而另外一些学者则认为应该以继续推进科技进程来解决生态文明问题，具体途径是建立以智能化微制造技术为关键科技支撑的新科技体系以及以深层次的循环式生产为主导的新产业体系；更多的人在反思工业文明后认为，未来的文明应当是以生态科学群、可持续发展理论和绿色技术群为主要内容的生态文明。

但是，根据科学发展观的观点来综合研究城市生态系统中人与"住所"的关系，针对城市生态文明建设研究中国传统文化在城市生态文明建设中的作用等方面的文献还很少见到。因此，从以上角度来探讨城市生态文明问题，已经到了我们必须深入思考的时候了。

本章将围绕着"什么是生态文明，怎样建设生态城市"这一中心议题，揭示现在西部地区城市发展存在的现状和问题，指出实施城市生态化建设的重要性，进一步提出生态城市建设的途径，并主要沿着两条线索展开研究：一条是如何改善城市的自然生态环境，以使城市不再是肮脏之地和污染之源；另一条是如何实现人与城市社会生态的和谐，以使城市不再是无情之都和"罪恶之源"。

第二节　生态城市建设理论依据

一、中国西部城市发展的趋势

城市化是人类历史长河中不断集聚资源、集聚财富、集聚能力的连续进程，是不断更新自己的生存方式与生产方式的连续进程。以城市数目增多、城市规模扩大、城市人口占总人口比例提高为特点的城市化进程是全球性的发展趋势。

20世纪初，全世界只有13%～14%的人口（约2.2亿人）住在城市，到20世纪末，城市人口已经占到全球人口的近50%。21世纪是"新的城市世纪"，全球城市化将继续推进，城市经济将逐渐成为每个国家最主要的支柱和最重要的竞争手段。同样，进入21世纪，对于处于历史变革和社会经济飞速发展时期的中国，城市作为该地区政治、经济和文化的中心，还将在改革和发展中处于重要地位。

20世纪下半叶，我国的城市化飞速发展，城市化比例已达40%。同时，城市作为我国政治、经济和人民文化生活的中心，始终是经济发展和制度创新的主角。改革开放以后，从沿海到内陆，城市一直都是改革和开放的主战场。城市社会经济的飞速发展和城市功能的不断完善，对其周围地区的社会和经济发展产生了强大的辐射力和示范效应，有力地促进了整个地区的社会文明和经济繁荣。纵观国内外城市化历程，中国的城市化是令世界瞩目的、规模最大的人地关系变化过程。这个过程一方面为人们积累财富创造了便利条件，另一方面也正在为人类的健康带来威胁。我国这样一个世界第一人口大国的城市生命线系统，在变得越来越庞大的同时，也变得越来越脆弱，加上城市蔓延对城市生态支持系统的吞噬，环境胁迫效应进一步加剧，进一步发展面临许多问题：资源危机、环境污染、生态退化。但是，由于经济社会发展的内在推动，以及各地追求经济增长的主观着力，全国推进城市化的热潮并没有因此降温。特别是在大城市快速发展论的影响下，我国西部的城市大体仍处在积极的扩容之中。当然，人们对更加科学的发展思路和实现途径的探索也在同时展开。如何化解资源、环境、生态和人口矛盾，使城市能更加快速、健康、可持续地发展，成为当前乃至未来很长一段时期内需要积极摸索和探讨的重点。

二、西部城市发展所面临的挑战

（一）城市基础设施建设跟不上人口增长的需要

在传统计划经济体制下，我国实行工业，尤其是重工业优先发展的战略方针。重工业优先发展需要规模巨大的投资，在经济发展水平低下的情况下，发展重工业所需资金只能从抑制消费中取得。为实施赶超型工业化发展战略，以牺牲农业和抑制城市化正常发展为代价，采取"以农养工"的方针，用"剪刀差"等办法，从农村抽走资金，用于工业化建设。同时，传统计划经济体制通过行政投资分配机制，将大量资金投向重工业，以迅速形成工业生产能力，挤占城市建设和管理方面的投资。因此，西部地区城市基础设施建设长期受到严重制约。

城市化步入加速阶段后，特别是城市化战略成为国家战略之后，基础设施建设需要大量的资金投入，随着城市化的推进，这一领域的矛盾愈加突出。西部地区本来就严重欠缺的基础设施难以承负加速城市化带来的指数增长需求。20世纪末，国家投入大量的国债资金，弥补或提升城市基础设施水平，情况大为好转。但是，由于城市人口集中、工商业发达、活动强度大，交通拥挤、交通事故频繁还是没有得到根本缓解；建筑稠密，缺乏空地、阳光、绿地、新鲜空气的现象还十分严重；城市居住环境恶劣、周边支撑系统破坏，使城市变成了传染病的发源地；城市医疗、卫生、电力、通信、供水、排水等许多公共服务设施不能满足市民要求。所以，虽然一方面基础设施建设高速发展，推进了城市化的步伐；但是另一方面基础设施建设的滞后又严重影响了人民群众生活水平的提高，这是我们不得不面对的现实。

（二）水资源短缺、城市供水紧张满足不了日益提高的生活质量需求

据国家统计，在全国 600 多座城市中，有近 400 座城市缺水，其中缺水严重的城市有 130 多个，全国城市每年缺水 60 亿立方米，日缺水量已超过 1 600 万立方米。不少城市目前水资源开采量已超过可供水量。这相对于城市数量增长快、人口高度集中，经济高速发展，城市用水集中、量大来说，矛盾显得尤为突出。这不仅给城市的工业发展带来阻碍，也给人民生活带来了极大不便。问题还不仅如此，水污染正进一步威胁着城市的用水安全。缺水城市中，城市的河湖水体已经是有河皆干、有水皆污的局面。水量和水质型资源紧张局势非常紧迫，甚至有可能成为我们实现三步走战略、进一步提高人民生活质量水平、全面实现小康社会的资源瓶颈。

（三）城市环境污染使人们质疑多年来追求繁荣的实现途径

城市人口集中、工业集中，在创造更多财富和繁荣的同时，也加剧了城市环境甚至是周边环境的污染，造成城市环境恶化的累加循环。离开了适宜的生存环境，人们的健康难以保证，创造多少财富都没有意义。因此，人们开始怀疑繁荣昌盛目标是否真的可以实现，如果不能从根本上解决城市环境污染问题，我们可能失去正确的发展方向。这些污染突出表现在水、土、气、声四个方面。

上面提到了城市水源污染问题，我国近一半的城市河段为 V 类和劣 V 类水质，有些城市的水源地已经因为污染问题不得不退出水源地的地位。与此同时，地下水的污染也在全国大范围存在，地下水超采与地下水不同程度的污染同时并存，正威胁着城市的进一步发展和人民生活质量的进一步提高。目前，我国把土地供应作为宏观调控的两大闸门之一，足见我国土地之稀缺。城市化步入加速阶段将更加突显用地与供地之间的矛

盾。然而，城市垃圾、工业和城市建筑工程排出的废渣和污水处理的污泥不断堆积，一方面占用了城市的大量土地，影响城市的整体形象；另一方面一些有毒废物又造成大气、水和土壤的循环污染。

截至目前，我国城市空气质量恶化的趋势虽有所减缓，但整体污染水平仍较高。特别是机动化时代的到来，使城市氮氧化物浓度长期处于较高水平，而总悬浮颗粒物（TSP）和可吸入颗粒物（PM10）都还将是影响城市空气质量的主要污染物。这些污染的治理如果离开城市周边支撑系统的生态恢复或发展思路的彻底改变，仅仅靠技术进步是难以解决的。

城市噪声已成为现代城市环境污染的主要特征之一。据国家统计显示，在影响城市环境的各种噪声来源中，工业噪声比例占 8% ~ 10%；建筑施工噪声占 5% 左右；交通噪声比例接近 30%；公共活动噪声影响面最广，已经达到城市范围的 47%。

三、西部城市发展的理性选择：生态城市

正确的城市发展观念和建设方针，是解决城市环境问题的前提，这适用于世界上所有城市，我国自然也不能例外。

生态城市这一概念是在联合国教科文组织（UNESCO）发起的"人与生物圈（MAB）计划"研究过程中提出的。简而言之，生态城市就是与生态文明时代相适应的人类社会生活新的空间组织形式，即为一定地域空间内人与自然系统和谐、持续发展的人类住区，是人类住区（城乡）发展的高级阶段、高级形式。

建设生态城市，使得经济发达、社会繁荣、生态环境保护三者高度和谐，技术和自然达到充分融合，环境清洁、优美、舒适，从而能最大限度地发挥人的创造力与生产力，这必将有利于促进城市文明程度的稳定、协调、持续发展。

建设生态城市是遵循城市发展规律、顺应时代潮流的战略选择，是转变经济增长方式、推动区域经济可持续发展的客观需要，是保持和增强资源环境优势、提高城市竞争力的重要途径，也是提高人民生活质量、促进社会文明进步、体现科学发展观的必然要求。

改革开放以来，我国的许多城市以经济建设为中心，大力推进改革，实行全方位开放，国民经济持续、快速发展，积累了一定的物质基础，为生态城市建设时代的到来提供了必要的条件。许多城市在生态城市建设实践中也迈出了坚定的步伐，非常重视城市生态环境的改善和城市可持续发展能力的增强。然而我们也必须看到，生态城市建设在我国还刚刚起步，可供借鉴的成功经验不是很多，并且不同的城市基础条件需要与之相适应的特定发展模式。因此，研究城市发展规律，探索城市生态思想发展轨迹，总结生态城市建设的经验，对加快我国生态城市建设步伐将大有裨益。

四、生态城市的理论基础

（一）城市生态学理论

城市生态学是美国芝加哥学派创始人帕克于 1925 年提出的。城市生态学是一门新兴科学。城市生态学是以生态学理论为基础，应用生态学的方法研究以人为核心的城市生态系统的结构、功能、动态，以及系统组成成分间和系统与周围生态系统间相互作用的规律，并利用这些规律优化生态系统的结构，调节系统关系，提高物质转化和能量利用效率以及改善城市环境质量，实现结构合理、功能高效和关系协调的一门综合性学科。

城市生态学从宏观上讲，是对城市自然生态系统、经济生态系统、社会生态系统之间关系进行研究，把城市作为以人为主体的人类生态系统来加以考察、研究。城市生态学以整体的观点，把城市看成一个生态系统，更多地把注意力放在全面阐述它的组分之间的关系及其组分之间的能量流动、物质代谢、信息流通和人的活动所形成的格局过程上。

城市生态系统与自然生态系统的不同在于：首先，城市生态系统以人为主体。其次，城市生态系统容量大、流量大、密度大、运转快，且具有高度开放性。最后，城市生态系统具有自我驯化的特点，具有多层次性，各层次子系统内部又有自己的物质流、信息流，各层次之间又相互联系形成由物理网络、经济网络、社会网络、文化网络等组成的网络结构。

一个和谐的城市生态系统必须具备良好的生产、消费和生态调节功能，具备自组织、自催化的竞争力，以主导城市的发展，以及以自调节、自抑制的共存序来保证城市的持续发展与稳定。因而城市生态系统的有序发展必须要有既符合经济规律又符合生态规律的法制、法规，行之有效的行政管理体制和机制，以及完善的监督体系。

依据生态学理论，在生态城市建设过程中，要彻底摒弃传统的城市建设目标和方向，确定新的目标定位。传统的城市建设只求经济发展速度，而忽视经济增长的质量；只注重经济效益，而忽视社会效益和生态效益。在城市生态学理论的指导下，生态城市的建设应该倡导人与人之间的亲近、人与自然之间的和谐，追求生态效益、社会效益、经济效益三种效益的最佳组合。

（二）城市可持续发展理论

城市可持续发展理论是根据可持续发展理论在城市领域的应用而提出来的，这是一种崭新的城市发展观，是在充分认识到城市在其发展历史中的各种"城市病"及原因的基础上，寻找到的一种新的城市发展模式，即它在强调社会进步和经济增长的重要性的同时，更加注重城市质量的不断提高，包括城市的环境质量、城市生态结构质量、城市建筑的美学质量、城市的精神文化氛围质量等方面，最终实现城市社会、经济、生态环境的均衡发展。城市可持续发展内涵丰富，同时又具有层次性、区域性等特征。它至少应包含以下几个方面的内容：

（1）城市可持续发展具有时空性，在不同的发展阶段、不同区域，城市可持续发展具有不同的内容和要求；不仅要满足当代人、本城市的发展要求，还要满足后代人以及其他地区发展的要求。

（2）强调人口、资源、环境、经济、社会之间的相互协调，其中环境可持续发展是基础，经济可持续发展是前提，资源可持续利用是保障，社会可持续发展是目的。

（3）主要通过限制、调整、重组、优化城市系统的结构和功能，使其物质流、能量流、信息流得以永续利用，并借助一定的城市发展、经济社会发展战略来实施，其中城市政府是推动城市可持续发展的首要力量。

（4）具体表现为城市经济增长速度快，经济发展质量好，市容、环境美观，生态环境状况良好，人民生活水平高，社会治安秩序优，抵御自然灾害能力强。

（5）就宏观而言，是指一个地区的城市在数量上的持续增长，最终实现城乡一体化；就微观而言，是指城市在规模（人口、用地、生产等）、结构、功能等方面的持续变化与扩大，以实现城市的持续发展。

从城市可持续发展理论的内涵所包含的内容可以看到，它与我们所要建设的生态城市的要求在本质上是一致的，因此，生态城市建设一定要遵从城市可持续发展理论。

（三）城市生态规划理论

"人与生物圈计划"报告中指出：城市生态规划是要从自然

生态和社会心理两个方面创造一种能充分融合技术和自然的人类活动的最优环境，诱发人的创造精神和生命力，提供高的物质和文化水平。

城市生态规划不同于传统的城市环境规划只考虑城市环境各组成要素及其关系，也不仅仅局限于将生态学原理应用于城市环境规划中，而是涉及城市规划的方方面面。城市生态规划致力于将生态学思想和原理渗透于城市规划的各个方面和部分，并使城市规划"生态化"。同时，城市生态规划在应用生态学的观点、原理、理论和方法的同时，不仅关注城市的自然生态，而且也关注城市的社会生态和经济生态。此外，城市生态规划不仅重视城市现今的生态关系和生态质量，还关注城市未来的生态关系和生态质量，关注城市生态系统的可持续发展，这些也正是生态城市建设的目的之所在。因此，城市生态规划理论应成为生态城市建设的理论依据。

据国外对生态城市可持续发展的研究显示，城市生态规划是运用系统分析手段，生态经济学知识和各种社会、自然、信息、经验，规划、调节和改造城市各种复杂的系统关系，在城市现有的各种有利和不利条件下寻找扩大效益、减少风险的可行性对策所进行的规划。城市生态规划包括界定问题、辨识组分及其关系、适宜度分析、行为模拟、方案选择、可行性分析、运行跟踪及效果评审等步骤。

城市生态规划致力于城市各要素间生态关系的构建及维持，城市生态规划的目标强调城市生态平衡与生态发展，并认为城市现代化与城市可持续发展亦依赖于城市生态平衡与城市生态发展。

城市生态规划首先强调协调性，即强调经济、人口、资源、环境的协调发展，这是规划的核心所在；其次强调区域性，这是因为生态问题的发生、发展及解决都离不开一定区域，生态规划是以特定的区域为依据，设计人工化环境在区域内的布局和利用；最后强调层次性，城市生态系统是个庞大的网状、多级、多层次的大系统，从而决定其规划有明显的层次性。

（四）生态文明理论

生态文明城市是以物质文明、精神文明和生态文明为核心的综合文明的载体，是经济、政治和文化协调发展，生态环境和社会环境可持续发展，物质文明和精神文明同步发展的城市。生态文明城市中物质文明、精神文明和生态文明是和谐与统一的关系。生态文明是物质文明和精神文明的依托和条件，物质文明是生态文明和精神文明的基础和保障，精神文明是物质文明和生态文明的灵魂和核心。

生态文明与五百年前开始于西方的工业文明相比，虽然生态文明仅仅起始于 20 世纪末，但它一开始就是世界性或全球性的。人们正在用丰富的物质文明和精神文明建设经验，按照生态文明的要求来审视、规划和布局现代文明城市建设。生态文明不仅属于基础文明，也属于高度的社会文明范畴。它所产生的生态环境效益，是物质文明的内在要求和精神文明的本质体现。它既可以解决物质文明建设中所造成的资源枯竭、环境恶化、公害丛生、公园毁坏等问题，又可以弥补精神文明建设中所欠缺的环境熏陶、美的感染、心灵净化和情感陶冶等问题，达到物质文明和精神文明所达不到的效果，并在与前两个文明的交织、交汇和交融中形成鼎足而立之势。

生态城市的概念源于 1971 年 10 月联合国教科文组织发起的"MAB"（人与生物圈）计划。这种崭新的城市概念和发展模式一经提出就受到了全球的广泛关注，国际上生态城市的研究蓬勃发展，许多生态论著如麦克哈格（I. L. Mcharg）的 *Design with Nature*、保罗·索勒瑞（Paolo Soleri）的 *Arcology, the City in the Image Man*、理查德·瑞吉斯特（Richard Register）的 *Ecocity*

Berkeley——Building Cities for a Healthy Future 等的出版，以及生态城市国际会议的相继召开和世界各国建设生态城市的实践活动，都使生态城市的理论研究得到不断的丰富和完善。但至今为止，生态城市的理论和实践基本还处在研究和探索阶段，还没有公认的、确切的定义。

我国学者黄光宇教授等认为生态城市是根据生态学原理，综合研究"社会—经济—自然"复合生态系统，并应用生态工程、社会工程、系统工程等现代科学与技术手段而建设的社会、经济、自然可持续发展，居民满意，经济高效，生态良性循环的人类住区。

我国著名学者黄肇义、杨东援在总结国内外生态城市理论研究的基础上，结合最新的生态经济理论，提出了如下定义：生态城市是全球或区域生态系统中分享其公平承载能力份额的可持续系统。它是基于生态学原理建立的自然和谐、社会公平和经济高效的复合系统，更是具有自身人文特色的自然与人工协调、人与人之间和谐的理想人居环境。

我国学者沈清基教授认为生态城市是一个经济发达、社会繁荣、生态保护三者高度和谐，技术与自然达到充分融合，城市环境清洁、优美舒适，从而能最大限度地发挥人的创造力与生产力，并有利于促进城市文明程度的稳定、协调、持续发展的人工复合系统。

综上所述，虽然众说纷纭，但都强调了"社会、经济、自然应当和谐相处与发展"的问题。可见生态城市不仅是城市生态系统处于一种稳定成熟的状态，同时也是人类社会经济活动、人类文明和文化程度的一种美好境界，如同城市的出现代表了人类文明的进步一样，生态城市也是人类社会文明进步的一个新标志。

五、西部生态城市建设的基本特征

（一）人与自然和平共处、协调发展

工业文明赋予人类巨大的改造自然的力量，激发了人类战胜自然、主宰自然和统治自然的豪情壮志。德国哲学家康德提出"人是自然的最高立法者"，表明了人类的"反自然"立场。人类按自身主体性的标准探索和改造自然环境，用自己的目的和计划构成一种作用于自然的人择方式，在确立人类中心主义原则的同时，也割裂了人与自然的和谐，使人类自身遭到了自然界频繁的报复。生态文明从实现人的全面、自由发展和社会、经济与环境的可持续发展出发，通过提高人的生存质量以及自然环境与人类社会的全面优化，谋求人与自然的协调发展。

（二）社会物质生产生态化

发展工业文明认为自然是取之不尽、用之不竭的能源仓库，把90%以上的经济活动建立在对不可再生资源和能源的高消耗上，根本不考虑能源的节约与增值问题；同时，还把大自然的自净能力看成是无限的，为减低成本、实现高速的经济增长，将废水、废气、废渣不做任何处理直接向大自然倾泻，导致了今天的能源枯竭、环境恶化和耕地减少等危机，使原本生机盎然的地球出现了温室效应、土地沙漠化、水土流失、森林减少、臭氧层空洞、淡水不足、空气污染、酸雨日增以及生物物种加速灭绝等现象。生态文明是谋求社会、经济、自然的协调，是谋求人与环境的共同进化，这就决定了生态文明不仅要实现经济增长目标，更要实现提高生态质量的目标。因而生态文明要求城市发展必须从保护环境出发，实现社会物质生产生态化。所谓社会物质生产生态化，就是要求人们把现代科学技术成果与传统工、农业技术的精华结合起来，建立具有生态合理性的社会物质生产体系，使资源的消耗速度不超过替代资源的开发速度，实现资源的循环或重复利用，将污染物的排放量控制在自然系统自我净化能力的范围之内。目前提出的绿色食品、绿色科技、绿色设计、绿色生产、绿色包装以及无公害技术等概念，都是社会物质生产生态化的体现。

（三）消费趋向文明

在传统经济发展模式的指导下，人们狂热追求经济的高速增长，把GDP（国内生产总值）作为衡量经济发展的唯一标准，忽视了自然界的其他价值，尤其是生态价值的丧失，将资源的高消耗和环境的被破坏置于生产成本之外，导致资源消耗程度、环境污染程度与GDP（国内生产总值）同步增长。不真实的利润也孕育了工业社会的经济功利主义。自20世纪中叶消费文化从北美传播到西欧、日本和发展中国家的少数富裕者身上，人们对有形商品及其原材料的需求达到了前所未有的程度，大多数人抵挡不住物质的诱惑，痴热地追求物质享受，为个人、社会乃至全人类的可持续发展增加了沉重的负担。生态文明要求人们在生态城市建设过程中改变传统消费模式，代之以提高人类生活质量为中心的适度消费，要求人类消费既符合物质生产发展水平，又符合生态生产发展水平；既满足人类消费需求，又不会对生态环境造成危害，促使人们消费行为朝着有利于环境和资源保护、有利于生态平衡方向演变。

六、西部生态城市建设的困难

（一）经济体制的不完善

传统计划经济体制的影响依然存在，不利于资源的有效配置，物不能尽其用，人不能尽其才，人为造成大量浪费。那时也有环境污染，但并不尖锐。在转向市场经济后，由于经济体制改革的滞后和不完善，导致市场经济下人们为追求最大利益，重复建设、重复引进、滥砍伐、滥开采，经济增长是粗放、外延式的，代价是严重的污染，废物利用或处理十分有限。靠山吃山，靠水吃水，滥砍滥伐，围湖造田，使森林迅速减少，一些物种灭绝，生态遭到极大破坏。

（二）行政管理体制不完善

长期以来，我国政府部门和企业均倾向于"粗放型"增长方式，无论是传统经济体制时期，还是目前经济体制，考核各级政府官员政绩的主要指标是各种数量指标，如产值多少、经济增长速度多少等，这种考核体系使各级政府官员擅长采用"粗放型"的增长方式。

（三）法制不健全

国家虽然制定了许多法律、法规，但是法律体系仍不完善，在环保方面、经济方面、行政方面的法律尤甚。环保标准过于超前，加上执法不严、监督薄弱、有令不行、有禁不止，又给实施带来了困难并严重影响了法律的权威。

第三节　生态城市的本质、特点及创建原则

一、生态城市的本质

（一）生态城市的定义

生态城市至今还没有公认的确切定义。苏联生态学家亚尼茨基（O. Yanitsky, 1984）认为生态城市是一种理想城市模式，是技术与自然充分融合，人为创造力和生产得到最大限度的发挥，居民的身心健康和环境质量得到最大限度的保护，物质、能量、信息高效利用，生态良性循环的人类住区；美国生态学家理查德·瑞吉斯特（Richard Register, 1987）认为生态城市即生态健全的城市，是低污、节能、紧凑、充满活力并与自然和

谐共存的聚居地；黄光宇教授（1989）认为生态城市是根据生态学原理，综合研究城市生态系统中人与住所的关系，并应用生态工程、环境工程、系统工程等现代科学与技术手段协调现代城市经济系统与生物的关系，保护与合理利用一切自然资源与能源，提高资源的再生和综合利用水平，提高人类对城市生态系统的自我调节、修复、维持和发展的能力，使人、自然、环境融为一体，互惠共生。

当今，不同学科都从各自的角度提出未来城市发展的模式，如山水城市、健康城市、绿色城市、生态城市、花园城市、园林城市、卫生城市、信息城市、全球城等。但是城市发展应该超越单一学科的局限，其发展模式应当综合不同学科理论，使其具有科学性、可行性。基于可持续发展的指导思想，综合社会学、经济学、生态学、地理学、规划学等多学科理论，生态城市是未来城市发展的合理模式，是实现城市可持续发展的有效手段，是城市发展的高级阶段。

笔者认为生态城市是指在城市建设过程中追求自然系统和谐、人与自然和谐，以建设节约型社会为核心，从道德基础与环境教育角度，突出立法的科学化与民主化，激发和调动全社会的广泛参与的积极性，创造一个具备完整的功能、法制健全、文化发达、环境宜人、生活舒适的安全、稳定、民主社会主义文明环境和最佳人居环境。

（二）生态城市的内涵

从生态城市概念的多样性论述中可以发现，生态城市概念具有丰富的内涵。主要表现在：

从生态哲学角度，生态城市的实质是实现人与人、人与自然的和谐。生态城市强调人是自然界的一部分，人必须在人与自然系统整体协调、和谐的基础上实现自身的发展，人与自然的局部价值都不能大于人与自然统一体的整体价值，强调整体是生态城市的价值取向所在。

从系统论的角度，生态城市是一个结构合理、功能稳定、达到动态平衡状态的"社会—经济—自然"复合生态系统。它具备良好的生产、生活和净化功能，具备自组织、自催化的竞争力，以主导城市发展，以及以自调节、自抑制的共生序保证生态城市的持续稳定。城市中各类生态网络完善，生态流运行高效顺畅。

从生态经济学角度，生态城市要求以生态支持系统、生态承载力和环境容量作为社会经济发展的基准。生态城市既要保证经济的持续增长以提供相应的生产生活条件满足居民的基本需求，更要保证经济增长的质量。生态城市要有与生态支持系统承载力相适应的、合理的产业结构、能源结构和生产布局，采用既有利于维持自然资源存量，又有利于创造社会文化价值的生态技术来建立城市的生态产业体系，实现物质生产和社会生产的生态化，保证城市经济系统的高效运行和良性循环。生态城市倡导绿色能源的推广和普及，致力于可再生能源高效利用和不可再生资源能源的循环节约使用，关注人力资源的开发和培养。

从生态社会学角度，生态城市不单是单纯的自然生态化，而且是人类生态化，即以教育、科技、文化、道德、法律、制度等的全面生态化为特色，推崇生态价值观、生态哲学、生态伦理和自觉的生态意识，以形成资源节约型的社会生产和消费体系，建立自觉保护环境、促进人类自身发展的机制和公正、平等、安全、舒适的社会环境。

从地域空间角度，生态城市不是一个封闭的系统，而是以一定区域为依托的社会、经济、自然综合体。因而在地域空间上生态城市不是"城市"，而是一个城乡复合体，即城市与周边关系趋于整体化，形成城乡互惠共生的统一体，实现区域可持续发展。

二、生态城市的基本特征

生态城市的基本特征如下：

（1）社会生态化。生态城市有较高的教育、科技、文化水平，倡导生态价值观，人们有自觉的生态意识和自觉的环境保护意识。

（2）经济生态化。建立生态产业体系，在保护自然环境的同时，合理使用科学技术、清洁生产和文明消费，提高资源的再生和利用水平，建立发达的生态型产业体系。

（3）自然生态化。良好的自然环境和生态平衡，城市空间结构分布合理。人工环境和自然环境相结合，实现城乡一体化。

三、生态城市的创建原则

"生态城市"作为人类理想的人居环境，应当更明确、更全面地体现城市的本质，即适宜人居住。生态城市应当是一个健康的、有机的社会，其中不仅人与自然和谐相处，而且人与人也和睦相处，每个市民在其中都能自由自在地生活，并得到充分的关怀，还有足够的机会实现个人的发展。建设生态城市应该遵循以下原则：和谐性、高效性、持续性、整体性和区域性。

（一）和谐性

和谐性是生态城市最本质的特征和最核心的内涵。和谐性既指经济、社会与环境发展的和谐，也指人与自然的和谐，同时还指人际关系的和谐。在生态城市中，人与自然和谐共生，人回归自然、贴近自然，自然融于城市；在经济发展的同时，环境得到有效保护，社会关系良性运行。在过去相当长的时间里，我们过多地强调了城市的经济性质和技术力量，不仅破坏了城市和人类赖以生存的自然环境，而且也使人类社会自身出现了异化和变态，换句话说，不仅人与自然的关系变得紧张，而且人与人的关系也难以相融和睦。生态城市的宗旨正是要改变这种状况。从这个意义上讲，生态城市应该是"平衡的城市"，营造满足人类自身各种需求的环境，空气清新，环境优美，同时又充满人情味，文化气氛浓郁，拥有强有力的互帮互助的群体，富有生机和活力。生态城市不是一个仅用自然绿色点缀而社会混乱、缺乏生气的人类居所，而是一个充满关心和爱心、保护人、陶冶人的人居环境。

（二）高效性

生态城市要改变现代城市高耗能、非循环的运行机制，提高一切资源的利用效率，物尽其用，人尽其才，各施其能，各得其所，物质、能量得到多层次的分级利用，废弃物循环再生，各行业、各部门之间共生协调。有人提出"循环城市"的概念，就是指高效、循环或多层次利用能源和资源的城市。因此，从资源问题上讲，生态城市应该是"循环城市"。还有人提出了"清洁生产城市"，也是指城市经济的运行要实现高产出、低排放（个别行业和企业可实现"零排放"），高效、循环利用资源和能源。高效性要求生态城市在宏观上要形成合理的产业结构，发展节约资源和能源的生产方式，形成高效运行的生产系统和控制系统；在微观上要积极开发有利于环境健康的生产技术，设计出更为耐用和可维修的产品，最大限度地减少废弃物，并扩大物资的回收和再利用。

（三）持续性

生态城市是以可持续发展思想为指导的，合理配置资源，公平地满足今世后代在发展和环境方面的需要，不因眼前的利益而用"掠夺"的方式促进城市的暂时繁荣，也不为自身的发展而破坏区域的生态环境。要保证城市发展的健康、协调、持续。持续性不仅是指城市发展要注意保护自然环境，而且要更多地使用可再生的资源和能源，并保证可再生资源和能源的自我更新能力，保持生态的多样性，保护一切自然资源和生命支持系统，不断提高环境质量和生活质量；同时，持续性还包括经济的持续发展和社会的良性运行，对于城市来说，没有经济的发展和社会的和谐，自然环境就失去了其"人本"的意义。从这个意义上讲，生态城市必须也必然是可持续发展的城市。

（四）整体性或称系统性

生态城市不是单纯追求环境优美，或经济的繁荣，而是兼顾社会、经济和环境三者的整体效益，不仅重视经济发展与生态环境的协调，更注重人类生活质量的提高，是在整体协调的新秩序下寻求发展。一个方面的生态化不是生态城市，整体的生态化才能称为生态城市。

（五）区域性

区域性具有两方面的含义，一是指生态城市本身不同于传统意义上的城市（建成区），而是一种城乡结合的城市，是一种"区域城市"；二是指生态城市必须融入区域之中，孤立的生态城市是无法长久实现生态化的。区域是城市生态系统运行的基础和依托，离开区域的自然和人文支持，城市就成了封闭的"孤岛"，城市与外界的物质、能量、人口、信息和文化等方面的交流就没有了畅通的渠道，城市生态系统的新陈代谢就难以进行，这样的城市是不可能实现生态化的。

生态城市是以人与人、人与自然和谐为价值取向的，广义而言，要实现这一目标，需要全球、全人类的合作。"地球村"的概念就道出了当今世界不再孤立、分离的关系。因为我们只有一个地球，我们是地球村的主人，为保护人类生活的环境及其自身的生存发展，全球必须加强合作，共享技术与资源。全球性映衬出生态城市是具有全人类意义的共同财富，是全世界人民的共同目标。当然全球性并不是指全世界都按照一个模式去建设生态城市，而是指按照生态原则去发展符合当地特点、民族特点、富有个性的城市。

第四节　生态城市建设的战略及保障措施

一、建设生态节约型社会

（一）建设生态节约型社会是基于现实国情的必然选择

建设生态节约型社会，是由我国基本国情决定的。人口众多、资源相对不足、环境承载能力较弱，是中国的基本国情。我国过度依赖化石燃料，对资源的可持续供应造成压力。我国人均能源可采储量远低于世界平均水平，据国家统计 2000 年人均石油开采储量只有 2.6 吨，人均天然气可采储量 1 074 立方米，人均煤炭可采储量 90 吨，分别为世界平均值的 11.1%、4.3% 和 55.4%。同时，我国石油产量不可能大幅增长，2020 年预计为 1.8 亿~2.0 亿吨，然后将逐渐下降。我国煤炭资源虽然比较丰富，但探明程度很低。另外尚未利用的储量中 86% 分布在干旱缺水、远离消费中心的中西部地区，开发、运输和利用的难度势必加大。

（二）建设生态节约型社会，是全面建设小康社会的重要保障

我国正处于全面建设和谐社会，加快社会主义现代化建设的历史进程中，人均 GDP（国内生产总值）已超过 1 000 美元，进入中低收入国家行列。国际经验表明，这是一个极为重要的历史阶段，它既是一个"黄金发展时期"，又是一个"矛盾凸现时期"。特别是随着经济快速增长和人口不断增加，经济规模将进一步扩大，工业化不断推进，居民消费结构逐步升级，城市

化步伐加快，资源需求持续增加，资源供需矛盾和环境压力将越来越大。改革开放以来，我们用能源消费翻一番支撑了 GDP（国内生产总值）翻两番。到 2020 年，要再实现 GDP（国内生产总值）翻两番，即便是按能源再翻一番考虑，保障能源供给也有很大的困难。如果继续沿袭传统的发展模式，以资源的大量消耗实现工业化和现代化，是难以为继的。因此，加快建设生态节约型社会，既是当前保持经济平稳较快发展的迫切需要，也是实现全面建设小康社会宏伟目标的重要保障。

（三）建设生态节约型社会，是保障经济安全和国家安全的重要举措

由于经济高速增长导致的对资源需求的快速增加，近年来我国石油、矿产等重要资源进口越来越多，对国外市场依赖程度越来越大。中国石油供应的一大半依赖国际资源，一方面将对国际石油市场的供求关系产生一定影响，另一方面使中国的石油安全问题变得十分突出。世界各主要经济体为了实现本国经济的可持续发展，都实施了资源全球化战略，全球资源争夺的局势非常紧张，未来我国在这一竞争中将面临更加严峻的挑战。我国作为发展中的社会主义大国，解决现代化建设需要的资源问题，着眼点和立足点必须放在国内。因此，建设生态节约型社会，控制和降低对国外资源的依赖程度，对于确保经济安全和国家安全有着重要意义。

（四）建设生态节约型社会，是实现可持续发展的必由之路

工业革命以后，人类陶醉于工业文明带来的物质财富之中，在 21 世纪中期以后才逐步认识到经济增长对资源的消耗和环境的破坏，从而形成了可持续发展的理念。实现可持续发展的核心是处理好经济与人口、资源和环境的关系，既要满足当代人的需要，又要保护好人类赖以生存的大气、淡水、海洋、土地和森林等自然资源和环境，满足子孙后代发展的需要。要保持

资源的永续利用，实现可持续发展，建设生态节约型社会是必然的选择。

二、如何建设生态节约型社会

建设生态节约型社会，就是要在社会生产、建设、流通、消费等各个领域，在经济和社会发展的各个方面，切实保护和合理利用各种资源，提高资源利用效率，以尽可能少的资源消耗获得最大的经济效益和社会效益。新中国成立以后，基于"一穷二白"的现实国情，为了奠定工业基础，我国十分重视生态节约工作，确立了"节约优先"的战略方针。改革开放以来，国家制定了一系列促进企业节能、节水、节地、节材以及节约一切资源的法规、政策、标准和管理措施，加大了以节约、降耗为主要内容的结构调整和技术改造力度，开发、推广先进适用的技术、工艺和设备，资源利用效率有了较大提高。但总体来说，我国的资源利用效率还比较低，这表现在资源开采、资源加工、资源回收和资源循环等生产、生活消费各个方面。

从资源流程和经济增长对资源、环境影响的角度考察，增长方式存在着两种模式：一种是传统增长模式，即"资源—产品—废弃物"的单向式直线过程，这意味着创造的财富越多，消耗的资源就越多，产生的废弃物也就越多，对资源环境的负面影响就越大；另一种是循环经济模式，即"资源—产品—废弃物—再生资源"的反馈式循环过程，可以更有效地利用资源和保护环境，以尽可能小的资源消耗和环境成本，获得尽可能大的经济效益和社会效益，从而使经济系统与自然生态系统的物质循环过程和谐共生，促进资源永续利用。循环经济是一种以资源的高效利用和循环利用为核心，以"减量化、再利用资源化"为原则，以低消耗、低排放、高效率为基本特征，符合可持续发展理念的经济增长模式，是对"大量生产、大量消费、大量废弃"的传统增长模式的根本变革。

　　绿色消费观是人类生活消费中的一种崭新的观念，它是人类在面临着生存危机、针对传统的消费观进行反思而提出来的崭新的生活消费观。在以往的岁月中，人类在生活消费中存在这样一种传统的思维方式，即把生活消费看成个人的事情，看成个人对物质财富的占有和消耗，并以此作为衡量幸福和生活水平的标准。在这种观念的支配下，人类拼命地掠夺大自然，对物质财富怀着无限制的占有欲望，于是导致人与自然关系的紧张和尖锐矛盾，并由此受到大自然种种无情的惩罚。特别是在工业时代，上述传统的消费观，使得人与自然的矛盾异常尖锐，大自然在人类的贪婪掠夺下怒吼了，它的一次比一次更剧烈的报复使人类开始感到生存的危机，迫使人类对消费的价值观进行重新审视，改变过去无视大自然、对大自然不负责任的消费观念。

　　首先，绿色消费观要求在人与自然和谐、协调的思想意识基础上从事生活消费。绿色消费观要求改变利己主义的人类中心论，革除不顾资源和环境的思想意识，代之以人类也是自然大家庭中的一员的观念。由此把人类的生活消费纳入生态系统之中，接受生态系统对人类生活消费的约束，使之与生态系统协调、和谐。绿色消费要求树立人类生活消费的自然协调和谐观。

　　其次，绿色消费观主张实施合理、科学的消费方式。绿色消费观要求改变人类的生活消费以自我为中心、我行我素的过度追求物质消费的生活方式，不合理地消费物质，讲究排场、铺张浪费，甚至穷奢极欲。其表现特点是珍惜财富，做到物有所值、俭朴节约、物尽其用和功能为本，形成人类文明的、理性的科学消费方式。这样，既满足人类合理的、不断提高的物质享受，又做到物尽其用，发挥物的效用，以提高人类生活消费的效率和生活质量。

最后，绿色消费观要求建立健康的适度消费心理，培育和弘扬人类的消费道德和规范。绿色消费观在承认人类生活消费权利的同时，明确和建立人类生活消费的责任和义务，使生活消费的权利与责任及义务统一起来，建立健康的适度消费心理，形成人类生活消费的道德和规范。这项工作确是破天荒的，但是它体现了现代人的高度文明和对社会、对自然的责任。由此，我们才得以维系全人类赖以生存的基础，为子孙后代的可持续消费留下广阔的空间和打下坚实的基础。综上所述，绿色消费观其实质就是以合理利用和保护资源环境、节约和高效地使用物质财富，实现人类可持续发展为宗旨和行为规范，科学适度消费的一种文明消费观。其核心是可持续消费。为此，我们应从以下几方面着手：

第一，我国50多年来经济发展基本上走的是一条粗放型经济增长的道路，其表现是高投入、高消耗、低产出、低效益、高污染，其结果是付出了极大的资源环境代价。造成这种状况固然有多种原因，但是从需求方面看与传统消费观的关系很大。因为需求是决定生产的，非可持续的生活消费导致非可持续的生产，二者是互为因果、相辅相成的。据此，一方面，科学、适度和文明的生活消费需求是决定生产活动和商业服务活动市场导向的主要依据；另一方面，符合这种生活消费方式的生产和商业服务活动又能促进可持续消费行为的形成。因此，要实现国民经济的两个根本性转变，仅从生产方面做工作还不够，还必须从消费需求方面做工作，着力转变消费需求的价值观、生活方式及社会消费风尚，变非持续消费为可持续消费，变传统消费为绿色消费，并以此带动生产增长方式的转变。在市场经济中，市场的消费需求导向是社会生产的指示器和航标灯。因此，绿色消费需求的社会力量，势必在经济制度的层面上推动和促进计划经济体制向市场经济体制的转变。我们千万不能忽视亿万人民消费需求观念的转变，和实现绿色消费的巨大要求对经济体制转变的这种能动作用，而这在当前确实被忽视了。我认为这也是我国两个根本性转变显得如此艰难的一个重要原因。因此，我们要深刻地认识到，提倡绿色消费观是响应我国两个根本性转变的重大举措。

第二，绿色消费观带动绿色生产，提高出口创汇竞争力，占领国内外市场。近几年我国的外贸出口，在亚洲金融危机中受到很大影响。这也反映了我国产品、产业结构方面存在的许多问题。其中一个重要原因就在于绿色消费的新观念在我国尚未蔚然成风。许多厂家对国际上的绿色消费潮流认识不足，动作迟缓，因此，我国的出口产品的环境要求往往不符合国际要求，绿色产品品种少、批量小，绿色产业脆弱，全国绿色 GDP（国内生产总值）的比重更低。这不能不说是我国产品缺乏国际市场竞争力、出口不旺的一个重要原因。我国加入世界贸易组织必须按国际协议开放国内市场，同时国际贸易的空间更大、限制更小，可以预料国际的绿色消费浪潮将对我国人民的绿色消费意识的觉醒、传播和实行产生巨大的推动作用，国内外市场的绿色消费需求将更为旺盛。因此，这对我国的厂家来说既是机遇又是挑战。绿色消费的浪潮将引导和促进我国的产业结构调整，在世界市场激烈竞争的压力下，那些物耗能耗高、性能差又不符合环境要求的产品将更快地被淘汰，那些浪费资源、严重污染环境的原始落后的行业生产将被严格禁止。相反，将形成绿色产品和绿色行业在我国迅速增多的新格局。全国的绿色 GDP（国内生产总值）的比重将快速地提高。

第三，绿色消费观提高我国人民的生活质量和民族素质。非持续生产不仅造成了资源的浪费，而且造成了环境的污染。工业"三废"，农业不合理使用化肥农药，使我国不少城市和乡村的空气、水土以及农产品被严重污染。工业废气中的烟尘和二氧化碳、二氧化硫等有害物质大量排入大气层，毒化了空气。不可持续生产已严重破坏了城乡人民居住和生活的环境，形成了一系列公害病，危害人们的身心健康。提倡绿色消费观，一方面可带动绿色生产和绿色产业的发展，这不仅有利于我国资源的节约和合理使用，有利于环境保护和生态平衡，而且最终也有利于国民的身心健康；另一方面，提倡绿色消费观还有利于实现文明消费和消费无害化，减少和科学处理生活垃圾，尽可能地使人们的消费活动减少对自然界产生的危害，使人们的消费行为合乎或不破坏生物圈的良性循环，使人类居住和工作的环境得到保护和美化。随着人们的消费文明化，消费的陋习将得到克服，精神的境界将得到提高。由此，人们自身也会获得完善、提高。这无疑会促进国民素质的提高，也是精神文明建设的一个极其重要的方面。

三、发展循环经济是生态城市建设的必由之路

"循环经济"是 20 世纪 60 年代随着美国经济学家波尔丁提出的"宇宙飞船理论"而产生的，该理论也就成为了循环经济理论的最早模型。波尔丁认为，宇宙飞船是一个孤立无援、与世隔绝的独立系统，是靠不断消耗自身资源而存在的，最终也将随着资源的耗尽而毁灭，而使之延长寿命的唯一方法就是尽力实现宇宙飞船内的资源循环。

"循环经济"要求把经济活动组成一个"自然资源开发—物品生产、消费或旧物再用—废物再生资源"的反馈式流程，以互联的方式进行物质交换，以最大限度利用进入系统的物质和能量，达到"低开采、高利用、低排放"，把经济活动对自然环境的影响降低到尽可能小的程度。

循环经济与经济的本质区别，就在于循环经济倡导的是一

种建立在物质不断循环利用基础上的经济发展模式。它要求把经济活动按照自然生态系统的模式，组织成一个"资源—产品—再生资源"的物质反复循环流动的过程，使得整个经济系统以及生产和消费的过程基本上不产生或者只产生很少的废弃物。真正做到只有放错了地方的资源，而没有真正的废弃物。其特征是自然资源的低投入、高利用和废弃物的低排放，从而根本上消解长期以来环境与发展之间的尖锐冲突。

（一）生态城市建设循环经济的必要性和紧迫性

首先，传统经济的增长潜力受限，必须寻找新的增长模式。自20世纪90年代以来，面对全球人口剧增、资源短缺、环境污染和生态蜕变的严峻形势，人们开始逐渐认识到发展循环经济和知识经济将成为经济全球化中的两大趋势的必然性。知识经济要求尽可能以智力资源替代自然资源；循环经济要求在经济生产中遵循自然规律，尽可能实现资源循环。循环经济是已见端倪的生态经济的基础，是我国全面建设小康社会，实现新型工业化的当务之急。

其次，循环经济代表人类经济发展的光明前景，必须由其逐渐取代传统经济。理论界现在一般认为，发展循环经济可以实现经济、社会和环境的"共赢"，可以充分提高资源和能源的利用效率，最大限度地减少废物的排放，保护生态环境。发展循环经济，就是用新的思路去调整产业结构，用新的机制激励企业和社会追求可持续发展的新模式，体现了新型工业化的内涵和目的。传统经济通过把资源持续不断地变成废物来实现经济增长，忽视了经济结构内部各产业之间的有机联系和共生关系，忽视了社会经济系统与自然生态系统间的物质、能量和信息的传递、迁移、循环等规律，形成高开采、高消耗、高排放、低利用的"三高一低"的线性经济发展模式，导致许多自然资源的短缺与枯竭，产生大量和严重的环境污染，造成社会经济、人体健康受到重大损害。循环经济以协调人与自然的关系为准则，模拟自然生态系统运行方式和规律，实现资源的可持续利用，使社会生产从数量型的物质增长转变为质量型的服务增长；同时，循环经济还拉长生产链，推动环保产业和其他新型产业的发展，增加就业机会，促进社会发展。因此，人类的活动毫无例外地应服从物质世界的整体规律，在发展经济、向大自然索取的过程中，以及向大自然排放污染物的时候都必须考虑不可超过环境的承受极限。人们必须约束和规范自己的行为，保护好我们的家园。

最后，循环经济是全新的人类生存发展理念，深刻地体现人类文明与自然环境的协调。在以人为核心和主体的全球生态系统中，人通过不断理性化的行为规范，以协调人类社会经济活动与自然生态的关系，协调经济发展与环境的统一，协调人类的持久生存、世代福利与资源分配的当前与长远的关系；要做到在社会、经济与技术之间，在经济发展与生态环境之间，在自然资源的需求与供给之间的和谐统一，以达到经济发展高效、社会发展平等、环境发展合理的目的。大力发展循环经济、倡导生态工业、提高资源利用效率可以从根本上改变我国由于技术落后带来的资源过度消耗和环境污染严重的局面，是今后我国实现可持续发展战略的必然选择，也是保障国家经济安全的重大战略措施的有效载体。

（二）生态城市建设循环经济的动力与机制

1. 观念更新是实施循环经济的根本前提

传统经济增长方式，是受传统思维方式影响形成的。受机械的简单性思维方法的影响，在目标上单纯、片面追求经济增长，而不会考虑环境效益，极端地追求单位时间的资源开采、加工和利用率，没有把环境、生态因素纳入生产活动中，其结果是在取得经济收益增长的同时必然要付出惨重的环境代价。

要解决"生态问题"和"环境问题",就要求人们放弃已经走惯了的"黑色道路",即"先污染,后治理"的工业化道路;走一条"绿色道路",即"向自然索取速度"与"自然界恢复速度"相平衡的产业化路线。实现后一种路线,就要对科学技术有所选择。既要发挥那些"兴产业—荣自然"的科学技术,又要限制那些"兴产业—毁自然"的科学技术。

循环经济提出的是一种"资源—产品—再生资源"的物质反复循环流动的过程,从而改变以前的单向的经济模式。首先,循环经济是顺应现代科学既高度分化又高度综合的发展趋势,确立一种整体论的科学观,广泛利用自然科学、社会人文科学和工程技术科学的不同理论和方法,综合地研究人类社会和自然界的相互作用过程及其规律,形成一系列边缘性的生态学、环境科学等新学科,为预见和预警人类动用技术力量改造自然的长远影响和后果、正确评估人类生产活动的经济效益和生态效益提供科学依据。其次,循环经济可以矫正高新技术的价值取向和使命意识,注重技术与人类社会和自然环境的同化整合、协调发展,通过技术体系核心的转移和技术结构的合理重组,从整体上推进现代技术体系从建立在经典物理学基础上的硬技术体系向建立在现代生物学基础上的软技术体系的转变。运用唯物辩证法和生态系统的封闭循环系统原理,深入到"自然—科技—经济—社会—人类"这个更大的复合系统中去认识和把握可持续发展与科技创新之间的支撑与协生关系。建立以生物技术和信息技术为核心的主导技术,是实现环境与经济"双赢"的技术保证。

2. 科技创新是实施循环经济的强大杠杆

工业文明时代,人类利用先进的工具、技术不顾一切地掠夺、开发各种自然资源,并把废弃物抛弃在周围环境之中,造成的资源短缺、环境污染、生态破坏是前所未有的。实施生产方式的转变，不仅要转变思维方式和价值观念，坚持科技创新和制度创新的生态文明取向，而且要深入挖掘和利用人类自身智慧去变革实践手段，更新实践模式，通过创新，形成新的技术范式，自觉合理地调节人与自然之间的物质变换，实现生产实践的质的飞跃。

首先，要进行生态技术创新，即运用生态学原理设计出以获得最佳生态效益和经济效益为目标的生态工艺技术。通过大力发展和应用节能技术、洁净技术、环境无害化技术、自然资源的综合利用及闭路循环技术等，提高生态系统自身的生产能力、自净能力、自组织能力、稳态反应能力以及社会经济的自我修复能力，促进社会物质生产技术方式由原先以物质和能量的高消耗、低产出和排放大量废弃物为特征的传统生产工艺，转向低消耗、高产出和废弃物还原利用的生态工艺，进而推动社会生产方式由资源攫取型向深层次的资源再生型转移，实现生态系统物质能量的高效、循环利用，改善经济增长的质量与效益，优化经济结构，形成全新的生态工业和生态农业，以确保"生态—经济—社会"三维复合系统的良性循环，走一条生态效益型的经济增长之路。

其次，要积极支持高新技术的"绿化"，开发高新技术的生态功能。高新技术是以最新科学成就为基础、主导社会生产力发展方向的知识密集型技术，为信息技术和生物工程技术等为绿色技术体系的形成奠定了坚实的基础。信息技术的频繁创新，将不断为增强对工业、交通的能源与材料低耗的智能控制提供手段；生物工程技术的进一步突破，将对生物遗传疾病的控制与治疗、生物多样性的再造、濒危物种的保护和生态过程的有效调节等方面提供新的技术保障，从而在生态环境建设中取得革命性进展。

3. 制度创新是实施循环经济的重要保障

观念落到现实，必须依靠强有力的行动。而建立、健全法制保障，又是其中最有力的行动。如果没有法制保障，循环经济不可能在现行社会中自然、良好形成，更不可能有真正的发展。这是因为，法律手段具有公平性、权威性、强制性和非常好的可操作性，是一种非常有效的管理手段，同时其他大多数手段都利用法律手段为其提供实施和惩罚的依据。在发展循环经济的过程中，几乎所有国家都使用了法律手段来保障。日本的循环经济法律体系最完整。该国 2000 年 6 月 2 日正式颁布了《推进形成循环型社会基本法》，并于 2001 年 1 月起正式生效。事实上，自 1993 年以来，日本就已经出台了多项发展循环经济的法律，分别为：《促进资源有效利用法》《容器包装循环法》《特定家庭用机械再商品化法》《绿色采购法》《建筑工程资材再资源化法》和《食品循环资源再生利用促进法》《废弃物处理法》和《化学物质排除管理促进法》等。目前，循环经济相关的法律、法规，在日本已形成一个相对完整的体系，为促进循环经济的发展奠定了最具权威性的依据和最坚实的基础。

我国要发展循环经济，通过循环经济实现环境资源的有效配置，需要建立一套绿色保障制度体系，明确各级政府、部门、单位的责任，鼓励企业和公众为发展循环经济做出努力。该体系可以归结为三个方面：一是绿色环境制度，包括绿色资源制度、绿色产权制度、绿色市场制度、绿色产业制度、绿色技术制度等；二是绿色规范制度，包括绿色生产制度、绿色消费制度、绿色贸易制度、绿色包装制度、绿色回收制度等；三是绿色激励制度，包括绿色财政制度、绿色金融制度、绿色税收制度、绿色投资制度等。

四、生态城市建设循环经济的实现方式

（一）建立非政府组织的管理机构

循环经济的发展受到了各国政府的重视，例如日本和德国均在本国内建立完善的法律推进循环经济的发展。政府的各项政策和法律在循环经济发展的过程中起到了积极的作用。但在发展循环经济的过程中各国政府认识到非政府组织在解决社会问题、满足弱势群体需要等方面具有政府和市场不可替代的作用，因为它们在创新性、灵活性和效率性方面，在与基层联系和了解基层情况方面都具有独特的优势。非政府组织具有的特点是组织性、民间性、非盈利性、自治性、自愿性、非政府性和非宗教性。在具备上述七个特点的同时，如果该组织还以发展循环经济为目的，那么就是循环经济非政府组织。发展循环经济是一个非常复杂的系统工程，政府的能力和所掌握的资源并不足以解决所有的问题，循环经济非政府组织、源于民众的自发努力可以成为政府有益和有效的补充。

（二）技术手段的生态化转移

技术生态化主要是相对于传统工业技术而言的，是针对可持续发展观而提出的一类新技术范式；是建立在现代生物学基础之上，有助于增进人与自然、人与人、人自身三大和谐，促进人类社会可持续发展的、符合自然生态演化规律的无危害的技术体系。自然生态系统的可持续发展通过技术创新生态化转向实施更清洁技术，或接近零排放工艺，建立低能耗、无污染的技术系统，发挥技术创新在循环经济这一生态经济中的技术支撑作用。技术生态化就是对传统技术创新理论的一种全新诠释和定向改变，符合循环经济在技术创新过程中全面引入生态学思想的要求，考虑技术对环境、生态的影响和作用，既保证技术的创新性和实用性，又确保环境清洁和生态平衡，在实现

商业价值的同时，创造生态价值，最终目标是协调人类发展和自然环境之间的关系，实现人类的可持续发展。因此，技术的发展趋向于生态化是循环经济实现的又一有力途径。

（三）对具体形式的经济手段进行约束

经济手段是循环经济实现手段中非常重要的手段，包含循环经济税费和补贴等手段。这些手段并不同于一般的以控制污染为目的的环境保护经济手段。循环经济的经济手段关注的是循环经济"资源—产品—废物—再生资源"的全过程，而不是仅仅针对污染物的排放这一个环节。循环经济税费和补贴的运用行为从资源的开采过程开始，涵盖了资源的使用过程、产品的消费过程、废弃物的排放过程以及废弃物的回收利用过程。使用经济手段的目的是在产品的整个生命周期内影响经济主体对资源和产品的使用取向，促进资源的节约及资源和产品的循环利用。押金—退款手段可以被理解为收税手段和补贴手段的组合使用，一般用在资源和产品的消费以及废弃物的循环利用过程中。

总之，循环经济本质上是一种生态经济，它要求运用生态学规律来指导人类社会的经济活动，要求在进行资源管理中不能也不应该以牺牲环境和"掠夺式"地占用后人的资源为代价。简言之，实施循环经济就是要使人类的生产、生活按照生态规律，科学地利用自然生态资源和环境容量，实现经济活动的生态化转向。

五、生态城市建设要求技术的生态化

（一）技术异化影响生态城市建设

生态系统是一个由各种要素（生态因子）相互作用构成的整体，系统中各种要素的协同作用是推动系统演化、发育的主要动力。随着人对自然生态系统干预能力的逐步增强，技术正在成为一种新的生态要素而对生态城市建设过程产生重大影响。在某种程度上，技术正决定着生态演化的维度、方向和速度。技术对生态城市建设的作用是一个渐进的过程。它随着技术的生态功能增强而不断扩大。一般技术对生态系统的作用经历了从空间范围的扩张到生态系统内部环境要素的改变，改变生物物种的每一阶段都较前一阶段发生了质的变化。从漫长的原始社会直到文艺复兴时期。总体而言，技术的发展是缓慢的，缺乏科学的指导。它产生于人类在生存斗争中战胜其他生物的需要，主要表现为一种实践技艺的集合体。人们利用技术认识改造自然，实现了"自然的人化"。在这个阶段上，由于技术水平的低下以及技术运用范围的有限，技术很难从日常生活中区分开来，技术的正向作用远超出技术的异化作用。随着技术正向作用的突现，人们对待技术的态度便由"原始的崇拜转向盲目的信仰"。从工业革命到第二次世界大战以后，西方工业国家的"高生产、高消费、高污染"的传统发展模式，使技术给人类带来富裕的物质生活以外，还带来了生态、生活方面的危机。尤其是现代生物技术和物理技术的发展，使自然以及人类自身面临巨大的挑战。技术逐渐由来源于人类发展到独立于人之外的外生力量。

以法兰克福学派马尔库塞为代表，认为不仅技术异化造就了"单向度的人"和"单向度的社会"，而且技术的发展扩大了对人的全面奴役，现代技术社会的劳动使人变成了一部机器，甚至机器的一部分。他们反对资本主义社会中人与自然之间的异化关系，对技术异化问题的揭露是深刻的。人类在工业体系中单纯追求一种产品的产量，技术社会与自然环境的断裂，不仅造成能耗加大、成本升高、环境质量恶化，而且对生物多样性造成了严重的危害，使生物多样性锐减，加重生态危机，使整个生态环境熵值增大。

现代科学技术和生产力的迅速发展，一方面提高了人类认识自然的能力，增强了改造自然的手段；另一方面也增加了盲目地使用这种手段而带来有害后果的危险。

但是如今人类对自然资源的掠夺性开发和耗费，也存在着对科学技术的滥用，人类追求的是效益最大化而成本最小化，其后果往往转嫁给自然界，从而破坏了生态平衡并造成严重的环境污染。丹尼尔·贝尔指出："正如我们所知道的，技术进展也带来了有害的副作用，以及常被人们忽视，而确非故意忽视的第二位和第三位的后果。"例如增加使用价格低廉的化肥，是使农业生产能力发生革命的因素之一，但流入江河的硝酸盐却是污染的最为严重的来源之一。用DDT（双对氯苯基三氯乙烷）作为杀虫剂挽救了大量农作物，但也毁灭了野生生物等。这种技术对自然的破坏，并不是无意识的，而是恰恰反映了科学意识形态及工具理性对自然界的异化。恩格斯于工业化早期在审视一个又一个经济奇迹背后潜伏的危机时，明确表达了如果人类扰乱自然的机制，那么自然的反作用就会惩罚人类的观点。他警告人类："我们每走一步都要记住：我们统治自然界，决不像征服者统治异族人那样，决不像站在自然界之外的人似的……相反地，我们连同我们的肉、血和头脑都是属于自然界和存在于自然之中的。"

从技术进化的过程看，人类主体也是自然的存在，产生于漫长的进化过程。人类既是主体，也是自然界进化产生的客体，人类是大自然全体共同劳作的产物。到目前为止，人类还不能真正理智地支配和控制自己的活动，人对自然规律的认识也还没有达到至善至美的地步。自然界在消化、吸收由人类应用技术造成的"负影响"，人类不理智地使用大量技术对自然施暴，如果达到一定的规模和一定的量级时，就不可避免地导致自然对人类进行报复和"反人化"。齐美尔预言："未来的牢笼把人禁锢在社会运行里，完美的客观世界的实现将以人的心灵衰退为代表。"因此生态问题在于人类自身的滥用技术，而不在于技术本身，当前人类社会所面临的环境污染和生态危机问题，完全是人类社会发展到一定阶段的产物。人类在"人的技术化"过程中对实践过程的失控，过分陶醉于对自然界的胜利，最终技术带来外化的力量，使得自然界也从技术应用过程中吸取了力量，以同样的能量对付和报复人类。

技术异化的问题的实质是生态问题，其一般表现为两个方面：①技术对物质文明的破坏，异化的现象集中表现在诸如环境污染、生态平衡失调、能源危机和人口膨胀等方面，其后果是人类物质生产条件和生活环境的恶化，生活质量下降，严重阻碍物质文明的进一步发展。②对精神文明产生危害，这主要表现在伴随科技的发展出现的某些消极的和不良的价值观，在时间、空间尺度上的阻滞和耗竭，机制耦合在结构、功能关系上的错位和缺失，社会行为在经济和生态关系上的冲突和失调。这些问题使人们对资源代谢只看到产业的经济过程，而忽视其生态过程；只重视技术产品的物理功能，而忽视其生态功能。这就是马克思告之我们的畸形的社会关系必须产生畸形的自然观，导致人与自然关系的畸形发展，人类所面临的自然生态问题的实质是一个社会的问题。

（二）生态城市建设的技术生态化内涵

20 世纪 80 年代，国外学者提出了技术生态化的概念。技术生态化与环保技术并非同一概念。技术生态化主要针对的是可持续发展观，而在人们提出可持续发展观之前，就已经有了环保技术，例如处理"三废"的技术，现代环保技术则增加了噪音控制、放射性物质防治等内容。不可否认，环保技术的利用和开发毕竟只是可持续发展的一个环节和局部，还不能从根本上全面地解决人与自然协调发展的问题，环保技术虽然包含着在人类活动中避免和减少污染的措施，但是在很大程度上是针对会产生有害物质的防治，是一种被动的控制和事后控制，而且通常需要花费很大的代价。而技术生态化，不是因造成污染而去防，不是因造成污染而去治，因而可以说是一种积极控制或事先控制，经济上更可行。技术生态化超出了环保技术的范畴，且持续技术不仅是一类技术的总称，更主要地是一种技术观和技术战略选择。技术生态化主要是相对于传统工业技术而言的，是针对可持续发展观而提出的一类新技术范式，是建立在现代生物学基础之上，有助于增进人与自然、人与人、人自身三大和谐，促进人类社会可持续发展的、符合自然生态演化规律的无危害的技术体系。

从可持续发展的角度来理解技术生态化转向，即是要营造自然生态系统和社会生态系统的可持续发展。自然生态系统的可持续发展通过技术创新生态化转向实施更清洁技术或接近零排放工艺，建立低能耗、无污染的技术系统，发挥技术创新在循环经济这一生态经济中的技术支撑作用。笔者认为，技术生态化就是对传统技术创新理论的一种全新诠释和定向改变，要求在技术创新过程中全面引入生态学思想，考虑技术对环境、生态的影响和作用，既保证技术的创新性和实用性，又确保环境清洁和生态平衡。

现代技术的生态化就是在生态价值观的指导下，在充分考虑人的发展效益、环境效益、社会效益的前提下实现市场价值的最大化。因此，这里所讲的生态化，已经不是传统意义上狭义的、纯自然的生态学概念，而是一个包括经济增长、自然生态平衡、人的全面发展以及社会生态和谐有序在内的内涵丰富的概念。所以，我们所讲的生态化转向，也是一个哲学层面上规定的具有深刻哲学意蕴的概念，显然，不能把它等同于纯自然层面上的生态技术。

（三）生态城市建设的技术生态化特征

从科学基础来看，生态城市技术生态化应建立在现代生物学、生态学和信息科学等最新科学知识发展基础之上。唯有如此，人类才有可能充分估计到技术作用的远期效果和对自然系统的整体影响，避免和预防技术发展可能带来的问题。

从体系结构来看，生态城市技术生态化应当以太阳能、生物能等再生能源为主要能源基础，以生物技术、信息技术等高新技术为中心，以各种再生型或低耗型常规技术为补充，形成结构合理的整体性、复合型技术网络体系。

从效果来看，生态城市技术生态化应力求达到低消耗、高产出、自循环、无危害的要求。近代工业技术的一个显著特点是技术运行过程的开放性、单向性，即运行过程对外界环境开放，沿着"资源—产品—废物"单一流向运行，缺乏逆向恢复过程，在超量消耗有限资源的同时，向外界环境排泄大量废物，既浪费资源又污染环境。生态城市技术生态化则应力求通过原材料的最充分利用而降低消耗，通过运行过程的生态化循环控制而避免或减少污染，通过资源的科学化配置和开发获得最大整体效益。

（四）生态城市建设克服技术异化的途径

人类伴随技术的进步而实现人的自由与解放的同时，也带来了"负面效应"。学者们看到了技术负面效应所带来的恶果，并探寻超越异化之路。海德格尔认为，克服技术和由技术引发的危险，并不是简单地否定和排斥技术，而是要建立一种新的与事物和世界的交往关系。这是一种非技术的、非强暴性的关系，这种关系使已经发生的全体的、内在的存在者向着丰富性和本源物日益减少方向的运动转向。荷尔德林在他的诗句写到："哪里有危险，哪里就有拯救的力量。"而马克思既是技术实践与技术价值的伟大批判者，又是一位技术乐观者，技术能够引发生态的异化，同样技术异化也能够带来克服生态异化的手段。技术作用是建立在社会系统之内的，并且受到社会的制约。

控制技术思想要求我们在从事新技术的开始，运用传统技术之前，必须反思我们实践的目的和价值，使之成为人类实现自身目的的一种恰当的工具。笔者认为技术的适当发展和应用，应满足以下要求：①技术应保护人类存在与生活的多样性与能动性；②它应促进人类—机械—生态圈之间的协调发展关系；③在能量开采和利用上应符合热力学规律；④它们能有机地平衡所有的损耗；⑤它们应通过应用技术促进人类的发展，而且是可持续发展，技术和生物圈之间协调的共生作用是未来技术的必要因素。

对此，我们只有通过重新认识人和技术与生态之间的相互关系，寻找处理好这些相互关联的关系的正确发展的道路。

第一，确立生态环境可持续发展的技术观。技术是连接人类和自然的纽带，是人与外部环境的联系，又是以实践的手段作为中介实现的。经济发展是科技进步的强大后盾，同时，科技进步又是经济社会、生态环境发展的强大推动力。为了社会的持续发展，必须以协调人与自然界之间的关系为最高准则，不断解决人类发展与自然之间的各种矛盾，既要保证科学技术的发展，又不能带来新的生态环境破坏，又要为建立人与自然之间的和谐关系排忧解难。人类应正确认识、掌握、发展和应用科学技术，以技术进步战胜技术异化，或有节制地、适当地使用技术，使之与人类的物质精神生活追求并行不悖，大力发展和运用能够促进经济社会可持续发展的科学技术，诸如开发和应用绿色技术、清洁技术和末端治理技术，实现"红色技术"革命向"绿色技术"革命的转变。笔者认为，技术自身的可持续性必须体现出三个方面：①技术结构本身要生态化，持续技术是一种全面生态化了的技术结构；②技术思维方式要生态化；

③技术的价值规范和评价体系要生态化，打破关于技术价值中立的观念；④技术创新和应用要生态化。

第二，形成人与技术和自然的公正机制。技术与自然已经成为人的"无机身体"，作为应用技术的主体——人，二者的交往应该建立在对技术和自然环境的价值的现实基础上，主体与技术的基本交往的现实标准是：在价值观念与基本的存在与发展需求方面，消除人与技术的尖锐对立，充分揭示技术所负载的价值，展开人与技术间的对话。这既是对技术的伦理含义的追问，又是主体对自身价值取向的合理反思，只有通过这种追问与反思，才可能摆正技术在人类世界的位置。主体与自然基本交往公正的要求是主体的行为不应该危及整体自然系统的保存。为此，主体应该考虑到自然的复杂性、人的理性建构和技术实践能力的有限性，对自然持一种谦卑与博爱的态度，承认自然的"固有价值"和保存、演进的"权利"，改变近代认识论的主客二分以及强调人的主体地位观念。

第三，加强对技术绝对理性思维的控制。科学技术日益起着意识形态的作用，现代社会已经进入工具理性的时代，马克斯·韦伯认为工具理性就是技术和理性的结合。技术自身作为一种工具存在是中性的，它的善恶性质取决于掌握与运用它的社会力量的性质，取决于它为人类所带来的实际效果，我们并不能因为技术的双刃性，不敢或放弃发展技术。但是在发展科学技术过程中要把握技术的价值宗旨，必须摆脱那种绝对主宰的自大狂妄态度，防止过分陶醉于技术理性力量，防止其消极作用的出现。法兰克福学派霍克·海默尔在《工具理性批判》中揭示了技术极端理性主义："在技术工具方面的发展，是一个失去人性的过程所伴随着的。这样，进步就是威胁着要取消它被假定为要实现的目标——人的思想。"以人为尺度，为人类造福，授以技术伦理价值的灵魂，使技术自身的发展不再是恶的无限性，而是服从与服务于人的生存与发展的恶的有限性。技术绝对理性的克服，不仅有赖于人的思想认识方法的辨证性，更有赖于人类社会存在的善美性。

第四，实现高技术与人文的整合。技术是人创造的，人必然会影响它，所以技术也是人文的。我们要关心的，不仅是高技术的技术成长问题，而且还有高技术的人文成长问题，只有在人文上也相对成熟的高技术，才是具有广阔前景的高技术。技术本身并无善恶之分，但是技术的应用是有目的的。由于技术的运用所具有的倍增效应，对技术不节制的滥用，可能会带来灾难性的生态环境后果，最突出的就是军事技术的进步，利用其制造先进的武器来发动战争。从这个角度看，越先进的技术，对人类的威胁越大，对生态环境的破坏越严重。这说明，如果不是在社会规范的约束下，由高素质的人掌握科学技术，科学技术就不一定发挥正面作用，同时也说明高技术必须与人文精神有机结合。只有科技发展与人文因素实现有效的整合，才能最大限度地减少或消除技术异化所带来的负面效应。

然而，我们也要意识到，只要是技术，就不可避免地遇到技术的人文忧患问题，技术的发展任何时候都不能脱离人文的制约，即不仅要关注技术的效用，更要关心这种效用是否和人类的进步、完善和自我解放的目标相一致，是否和自然界整体相和谐。如果将社会手段、人文手段与技术手段相结合，则可以在更深刻的意义上解决技术发展中的环境问题。

第五，树立合理的技术评估价值观。技术的价值导向是通过掌握技术的人的价值导向实现的。随着技术和社会的发展，人们意识到技术的应用可能给社会带来暂时的利益，但技术本身的不确定性，正是人类认识的局限性，人类不可能迅速地了解和掌握技术的全面效应。在技术投入应用之前，应该作充分的可行性论证，加强技术风险防范意识，避免造成对生态的破坏，并且通过评估预测技术在其应用时可能出现的负效应，来进一步分析技术和人类社会、自然界诸相关因素的相互影响并解决技术的发展问题。对技术直接的社会后果进行高度有序的研究，从而为社会的技术应用提供早期的预警系统，使人类有可能在实践过程中自觉纠正与克服技术发展与应用的某些失误，使技术向善的方向发展。当前强化对技术发展的环境效应评价已经成为我们的技术发展能否有效持续的关键之一，所以任何一项技术要确保在评估负作用和远期后果之后，再作抉择。

不同模式的技术，由于其所依据的原理不同，运用的结果也有所不同，因此，对于技术的引用和推广就存在着一个评价和选择问题。过去对技术的选择只注重了技术应用的经济指标，这是导致近现代技术片面性发展的重要根源。要构建有利于可持续发展的技术体系，需要加强对技术发展的宏观调控，把可持续性发展作为评价技术的坐标体系。

为了转换技术范式，必须建立基础性的技术发展效果的评价体系。这个评估体系要"从注重技术的社会经济价值转到兼顾技术的生态价值，从注重技术的历史意义、现实意义到兼顾技术的未来价值"。新的技术发展效果评价体系应当包括以下内容：技术水平与效益评价，生态环境效益评价，经济效益评价，社会效果的评价。在上述四种评价指标中，衡量技术可持续性的目标是技术效益最大化，其约束条件为生态环境效益、经济和社会效益。

六、加强对我国生态城市建设的立法保障

生态城市建设是一项具有极强的社会公益性的长远事业，容易导致市场失灵、政府失控与政策失效。因此，要注重立法的道德基础与环境教育，突出立法的科学化与民主化，激发和调动全社会广泛参与的积极性。要高度重视城市环境的规划、

设计，并以法律、行政、经济等手段促进城市产业的生态化转换；同时，加大有关生态城市建设法律、法规的执法力度，并逐步完善相关立法。普及和增强公众的生态意识是生态城市建设的关键环节。要加大宣传教育的力度，增强市民的环境意识、生态意识。环境教育是环境科学、环境法律和环境伦理教育的综合体，要构建面向全民全程的、终生的环境教育体系，通过刚性的生态城市建设法制与柔性的环境教育的良性互动实现生态城市建设的法治化，强有力地保障生态城市建设活动的顺利进行。

（一）注重立法的道德基础与环境教育

从道德与法律的关系看，二者具有相互影响、相互渗透、相互补充和相互促进的辩证关系。实践证明，将环境道德和环境法制有机结合，对于倡导环境道德和实现环境法制具有重大作用。20 世纪 60 年代兴起的环境保护运动要求摒弃传统的人类中心主义价值观，确立人类与自然和谐发展的价值取向，20 世纪 90 年代，环境教育的内容迈向可持续发展。环境道德的兴起和发展成为推动环境法发展的重要力量，环境伦理的构建促使作为行为主体的人类更多地认识到其对自然的权利和责任，从而促进人类政治、法律和道德方面的变革。从道德对法律的影响看，环境道德对环境法最显著的影响表现在环境立法上，环境道德给环境立法提供了有力的伦理支持，道德规范不断上升为法律规范，出现了环境道德的法律化和环境法的道德化现象。例如，《美国国家环境政策法》（1969 年）规定："创造和保持人类与自然得以在一种建设性和谐中生存的各种条件，实现当代美国人及其后代对于社会、经济和其他方面的要求。这是联邦政府的既定政策。"日本《自然环境保护基本方针》（1973年）提出："为使自然资源得到有效的保护，使我国每个公民养成自觉保护自然的习惯，应积极在学校和社会上进行环境教育，使公民对人与自然的关系有更深刻的认识，对自然有更深的爱和养成良好的道德风尚。"《中华人民共和国环境保护法》(1989年) 规定："一切单位和个人都有保护环境的义务。"这都体现了环境道德规范的法律化。

从法律对道德的影响看，法律是最低限度的道德要求，环境法制的完备与完善，有助于提高法律关系主体的生态环境意识和守法观念，推行绿色消费模式，促进环境质量监测与监督管理，强化生态城市建设和城市生态化发展过程中包括企业、政府和公众在内的全社会行为主体的生态环境保护责任，促进城市产业的生态化转换，发展包括生态农业、工业、服务业在内的生态经济，推动循环经济社会和生态文明社会的建立。所以，"徒善不足以为政，徒法不足以自行"是生态城市建设立法的"合法性"与"道德性"的统一，必然有力地保障生态城市建设活动的顺利进行。良好的环境道德风尚是保护生态环境、促进环境法制建设和实现可持续发展的根本途径。《中国21世纪议程》将"建立与自然相互和谐的新行为规范"即环境道德，作为21世纪国民道德建设的重要内容和任务。我国的环境教育包括基础环境教育、专业环境教育、成人环境教育和社会环境教育四类。自1996年《全国环境宣传教育行动纲要（1996—2010年）》中提出创建"绿色学校"活动的倡议以来，全国许多中小学和环保、教育部门积极行动，通过创建"绿色学校"，促进了环境保护和可持续发展意识的传播。该纲要明确提出："环境教育是提高全民族思想道德素质和科学文化素质的基本手段之一。环境教育的内容包括：环境科学知识、环境法律法规和环境道德伦理知识。"保护环境，在全社会形成可持续发展价值共识，是推动可持续发展战略的关键。生态城市的建设主要由物质建设和精神建设两个方面组成；同时，离不开环境道德、生态文化、生态文明的建设。我们应该始终将生态道德建设放在突出的地位，加强环境宣传教育，用各种方式引导人们保护环境、改善生态、热爱自然、合理利用资源，自觉地将环保意识和行动融入生态城市建设之中。

目前，可持续发展战略已贯穿于我国社会经济发展的各个领域，环境保护方式不断创新，环境管理手段日趋多样化，除了行政、法律、经济等硬手段外，道义感召、舆论压力、环境教育等软手段正起着越来越重要的作用。可持续发展的关键问题是生态环境保护，而环境保护大计，应以环境教育为本。在生态城市建设过程中，通过加快环境教育体系的建设，将政府、社会组织、企业、公众等力量加以整合，使推动可持续发展的力量由政府主导型向社会主导型、由外部推动型向内部自主型转变，最终真正促进我国社会经济环境的可持续发展。这是一项紧迫而重大的现实任务。我国应投入20到30年的时间，在全社会开展深入持久的绿色文明教育，加强包括生态文明在内的精神文明建设，多层次、宽领域、多形式培养全民生态意识、生态伦理和社会公德，改变不可持续的生产、生活和消费模式，激发社会公众主体自主推动可持续发展战略的实施。从学校教育、职业教育和社区教育三方面建构全民终生绿色教育体系，对不同年龄、职业、层次的人员广泛、深入、持久地开展环境教育，通过教育改变"经济靠市场，环保靠政府"的现状，充分发挥全社会主体进行生态环境保护和建设的巨大潜力。

（二）促进立法的科学化与民主化

《21世纪议程》明确提出："为了有效地将环境与发展纳入每个国家的政策和实践中，必须发展和执行综合的、可实施的、有效的，并且是建立在周全的社会、生态、经济和科学原理基础上的法律和法规。"《中华人民共和国立法法》（以下简称《立法法》）第六条规定："立法应当从实际出发，科学合理地规定公民、法人和其他组织的权利与义务、国家机关的权利与责任。"生态城市建设的科学性决定了建设生态城市必须遵循经济社会发展规律和自然生态规律，科学地确立生态城市建设的目标。生态城市建设应以城市整体环境优化为目标，参照国内外生态城市建设的经验，结合城市经济承受能力、社会发展状况和整体环境状况，制定科学、合理、切实可行的生态城市建设指标体系，作为生态城市规划与建设的主要依据。只有通过适度超前的科学立法，将这些客观规律提升为具有法律效力的行为准则，构建符合城市生态化发展要求的法律法规综合体系，才能引导、推动、激励人们自觉地进行生态化建设。在制订生态建设立法计划时，应该通过全面调查论证，针对生态城市建设的特点和薄弱环节，确定法制建设的重点领域，确定地方相关立法的重点领域和优先顺序，科学制定相关法规、规章和制度。例如，建设生态城市的一个重要任务是发展生态产业，要通过科学立法，从政策、税收等方面对绿色产业予以扶植，借鉴国外的环保补贴、税率优惠、奖励等有效做法，集中资金和技术力量积极支持本地的生态产业的发展。

促进立法的民主化，确保公众参与立法，是公民享有政治权利的体现。各国一般通过立法规定公众参与环境保护的制度和程序。立法的公众参与制度是民主向深度和广度发展的重要方面。我国《立法法》第五条规定："立法应当体现人民的意志，发扬社会主义民主，保障人民通过多种途径参与立法活动。"第三十四条、第五十八条均规定了立法"听取意见可以采取座谈会、论证会、听证会等多种形式"。立法听证可起到收集信息、实现直接民主、体现民意、促进良法、协调社会利益、立法宣传的多种作用。立法听证对贯彻依法治国方略、使公众参与、立法制度化，从而促进立法的民主化具有重大意义。从立法程序上看，由常委会组成人员参与立法虽然具有代表性，但难以实现立法要及时、全面地反映实情、体现民意的客观要求。确立立法听证制度，就能够听取利害关系人、有关团体和专家学者的意见，充分表达民众意愿。这样的立法，既可以兼顾民主与效率，又可以防止立法的偏颇与缺失，从而保证法律的合理可行。同时在听证过程中，经由各方直接陈述、辩论和举证，可以使立法机关获得新的资料并了解事实。立法听证制度在某种情况下还能够延缓决议，使法案能在充分的审查及讨论下，逐步协调各种不同的政治立场和各种利益关系，使法案内容能够为大多数人接受。立法机关对社会公众的意见有充分的了解和吸收，使立法工作的群众基础较好。为此，有必要建立重要法规议案交付全民讨论的制度，并将这一制度法定化、规范化，保障社会公众通过多种形式直接参与立法。凡是重要的法规草案，都要在本行政区域的各种宣传媒体上进行公布，广泛征求社会各界的意见，以保障公众对立法的了解和参与。

就城市规划而言，鉴于规划在指导城市建设管理、促进城市可持续发展中具有龙头作用，应考虑进一步增强规划的民主性与科学性，从规划的制订、调整到执行，向市民公开，广泛征求意见，争取广大市民的参与和监督；同时，抓好对重大基本建设项目的决策。重大基本建设项目，对城市环境影响大，事关城市环境与经济的协调发展。为避免决策的盲目性，地方人大应将其纳入重大事项范畴，行使表决权，保护城市环境资源，维护市民利益。城市建设必然要对资源进行开发利用，但这种开发利用应以有利于长远发展，至少以不危及后代人利益为前提。因此，应把保护城市环境资源作为促进城市可持续发展而进行监督的重点，建立地方人大和市民的参与监督机制。这方面的监督内容主要包括治理污染、节约土地、保护城市生态和历史文化遗迹等。

我国要从当前的城市模式转向生态城市的构建是一个长期的可持续发展战略，需要几代人的努力，公众参与是实现城市可持续发展的关键环节。同时，城市生态化的建设思路、原则及其相应法律法规制度的创建与实施是使生态城市建设真正超越传统发展模式的根本保障。所以，要充分认识加强法制建设的重要意义和作用，依法规范生态城市的建设活动，促进立法的科学化与民主化，形成生态城市建设的良好社会秩序，有力保障、推进生态城市的建设。

（三）促进生态城市建设的法治化

法治是与人治相对立的治国方式，表明法律调整社会生活的广泛性、正当性和权威性。"法制"与"法治"仅一字之差，但法制侧重法律制度的形式化方面，法制是法治的前提，法制没有实质意义上的法律主治的内容。关于法治思想的经典论述有：古希腊亚里士多德的"已成立的法律获得普遍的服从，而大家服从的法律又应该是良好的法律"；英国的"法的统治"；美国潘恩的"在民主国家里，法律便是国王"。古今中外的实践证明，实行法治是形成最富于权威和最有效的社会秩序而必须具备的基本条件和根本保障。从法的运行角度看，立法是法治的重要内容，创建完备而完善的法律是推行法治建设的必要前提和重要基础，建设社会主义法治国家应高度重视立法工作。《中国 21 世纪议程》指出："与可持续发展有关的立法的实施是把可持续发展战略付诸实现的重要保障。"目前，在以法律手段促进可持续发展方面，我国法律生态化趋势日益明显。例如，在人口控制方面，实施了《中华人民共和国人口与计划生育法》，将为以人为本的可持续发展营造一个更好的人口环境；在推行清洁生产方面，实施了《中华人民共和国清洁生产促进法》，对企业防治污染实施全程监控；在环境影响评价方面，实施了《中华人民共和国环境影响评价法》，从源头上预防因规划和建设项目的实施对环境造成的不良影响。作为可持续发展战略的重要组成部分，生态城市建设是由公众发挥主观能动性进行的一种活动，要使这种活动有序、高效地开展，就必须发挥法律作为一种普遍适用的、有约束力的社会规范对人们活动所产生的指引、评价、预测、强制和教育的功能。

生态城市建设的长期性需要法治，法律的稳定性使生态城市建设得以法定化、制度化的运行，如果制度缺乏稳定性、统一性和连续性，就难以建设生态城市。因此，要提高对生态城市建设法治化重要性的认识。

作为一个缺乏法治传统的发展中国家，改变法制不完善与执法不严格的现状对我国是一项长期的艰巨任务。如果生态城市建设的相关法律得不到贯彻执行，必然削弱人们对法律的信仰及其法治意识。法治是现代文明的重要体现，立法必然在生态城市建设中发挥重要的保障力量。实践证明，制定得再好的法律如果得不到有效实施，会极大地影响法律在社会中的权威性和削弱公众的法治意识。促进生态城市建设的法治化，既要创建科学的保障生态城市建设的法律体系，更要强调民主和法律的权威，严格执法，形成良好的法治氛围和环境道德风尚。随着我国的经济发展与科技进步，公众对生活质量的要求不断提高，我国的环境立法正在不断完善，法律责任不断强化，法律的可操作性和执法力度逐步增强，环境标准将日趋严格，生态环境质量将逐步改善。

第五节　结论

城市的可持续发展不仅对城市本身具有重要意义，而且对全人类的生存和发展也有重要影响。当今，全球城市化趋势越演越盛，已有一半人口生活在城市中，预计 2025 年将达到三分之二的比例。因此，城市生态环境将成为人类生态环境的重要组成部分。在联合国"人与生物圈"计划的指导下，世界上许多国家展开了可持续发展的生态城市研究。"生态城市"给城市发展提出了更高的目标，也对城市生态提出了更高的要求。

生态文明城市是以物质文明、精神文明和生态文明为核心的综合文明的载体，是经济、政治和文化协调发展，生态环境和社会环境可持续发展，物质文明和精神文明同步发展的城市。生态文明城市中物质文明、精神文明和生态文明是和谐与统一的关系。生态文明是物质文明和精神文明的依托和条件，物质文明是生态文明和精神文明的基础和保障，精神文明是物质文明和生态文明的灵魂和核心。

本章研究生态城市建设的理论依据，根据可持续发展理论和生态文明理论的原则，指出我国城市建设的困难，提出生态文明作为我国生态城市建设的指导思想，详细论述了城市建设的可持续发展理论和城市规划理论；提出生态城市的概念，阐述了生态城市的本质、特点及创建原则。研究我国目前的基本国情，发现建设生态节约型社会是生态城市建设的必然选择。首先，基于目前我国西部城市的发展现状，提出了建设生态节约型社会的措施，通过各种渠道提高公众参与的积极性，从而培养公众的绿色消费观；其次，基于目前我国西部城市经济发展的粗放型模式，阐述了循环经济的发展动力及其实现措施，指出循环经济是实现生态城市建设的必由之路；再次，技术生态化也是生态城市发展的必需的解决措施；最后，针对我国生态建设给出了加强立法保障的建议，具体措施是注重立法的道德基础与环境教育，促进立法的科学化与民主化以及促进生态城市建设的法治化。

生态文明是绿色的象征，是生命的象征。在经济发展的现阶段，倡导生态文明，建设生态城市，是经济社会持续发展的基本要求。尤其是国家正在大力进行西部开发的今天，西部地区的城市建设更应吸取和借鉴国际社会和我国东部沿海地区城市发展的经验和教训，在生态城市建设过程中处理好经济建设、人口增长与资源利用、生态环境保护的关系，实现以最小的资源环境谋求经济、社会最大限度的发展，推动整个社会走上生产发展、生活富裕、生态良好的文明发展道路。生态城市建设是进行和谐社会建设的重大课题。

【案例】　　　　西昌市的生态文明建设

　　进入 2013 年的第一个月，"雾霾"就成为各大媒体的热词，在全国 74 个监测城市中，有 33 个城市的部分检测站点检测数据超过 300 微克/立方米，即空气质量达到了严重污染。而世界上污染最严重的 10 个城市之中，有 7 个就在中国，中国的空气污染每年造成的经济损失，基于疾病成本估算相当于国内生产总值的 1.2%，基于支付意愿估算则高达 3.8%。在 1 月份的 31 天里，首都北京 25 天都有雾霾。相比常年的平均数 12 天，整整多出了 13 天。雾霾的主要成因大家都清楚：汽车尾气、化工污染、作业扬尘、煤炭燃烧等。全国大规模雾霾和空气污染，似乎也是在向所有国人展示着生态文明建设的必要性和迫切性。

　　多年来，党和国家高度重视生态文明建设，党的十七大作出了建设生态文明的战略部署。近 5 年来，全国上下在生态文明建设的理论研究和实践推进上均做了大量卓有成效的工作，全国近半数的省份开展了生态省（市、区）的创建活动，生态文明建设形势喜人。然而，生态文明建设任重而道远，生态健康发展是我国实现可持续发展的必然选择，且需要进一步探索中国特色社会主义生态文明建设理论体系及实践模式。因此党的十八大进一步确立了生态文明建设的突出地位，将生态文明建设纳入"五位一体"的总布局。

　　从全国总体上看，西北、西南地区生态文明腹地建设水平不高，今年一月西部地区持续的雾霾也不断地警醒着我们。但西部地区未来的发展不仅关乎着国家西部大开发战略的成败，关乎着维护民族团结、国家长治久安的大局，而且还对"美丽中国"目标的实现有着深远影响。在以 GDP（国内生产总值）论英雄的时期，西部地区，尤其是西部少数民族地区发展经济仍是当前主要任务。怎样才能实现环保与经济并重、生态与发展同步，成为了大家所关注和思考的问题。下面以凉山彝族自治州西昌市为例，探讨西部少数民族地区生态文明建设的有效路径。

一、西昌市生态文明建设概况

凉山彝族自治州位于四川省西南部川滇交界处，面积 6.04 万平方千米，辖 17 县、市，境内有彝、汉、藏、回等 14 个世居民族，总人口 478.25 万，其中彝族人口 243.65 万，占 50%，是我国最大的彝族聚居地，也是从奴隶社会形态一步跨越千年进入社会主义制度的全国唯一的彝族自治州。西昌市是其州府所在地，四季如春，气候宜人，素有"小春城""月亮城""航天城"的美誉。位于西昌城南 5 千米、海拔 2 317 米的泸山，与四川省境内第二大淡水湖、湖面 31 平方千米的邛海相依相偎，共同构成了国家 AAAA 级风景区。其恢复、扩建的 5 000 余亩的烟雨鹭洲、西波鹤影邛海湿地，亦被评为"四川省风景名胜区最美景点""四川省风景名胜区十大最佳资源保护点"第一名。凭借着良好的生态环境，西昌市于 2010 年成为当年全国仅有的两个成功创建全国森林城市的县级市之一。2012 年，西昌市继而启动创建国家级生态市项目，取得了一定成绩，其中西郊乡、高枧乡等 6 个国家级生态乡镇，大兴、阿七乡等 6 个省级生态乡镇均通过了四川省环保厅技术核查。生态乡镇"7＋1"建设模式由此获得国家环保部高度肯定。

二、生态文明建设路径分析

（一）以创新工作机制为保障

西昌市作为国家西部地区生态文明示范工程试点市，现在正全力创建国家级生态市、国际级园林城市，在省级生态市创建过程中探索出一些行之有效的方法推动了西昌市的生态文明建设。

1. 政府主导

要有效推进西部民族地区生态文明建设是需要以清醒的思想认识和有力的政治能力为前提的。在起主导作用的政府，尤其是具有决策、执行和评价权力的政府各级领导如果在思想深处并没有真正认识到传统工业文明的消极面，仍然将决策的目标停留在发展 GDP（国内生产总值）上，如果仍然不能进一步做出有利于生态文明建设的各种实质而具体的制度安排，那么西部民族地区的生态文明建设是难以落实到工业化、城市化及现代化这些大规模的物质层面的建设上的。西昌市在省级生态市创建过程中，通过建立自上而下的约束机制及对各级领导的教育和学习，政府各部门上下齐心、思想统一，通过主导创建内容、基本建设投入尤其是公共基础设施投入，加强各级各部门联动，共同打造了 11 条生态文明建设示范街，并协同周边喜德县、昭觉县实施邛海及城区周边可视范围生态恢复工程，欲将邛海打造成"国际重要湿地"，将自然生态景观与城市建设衔接起来、融为一体，推进了现代化的生态田园西昌的转型发展。

2. 规划龙头

生态文明建设是一项科学而严肃的系统工程，也是一个长期性、战略性、持续性的进程，必须以科学规划为指导。对生态文明建设进行规划，必须科学地分析生态文明建设的基础与条件、优势与劣势、前景与风险，科学地确认生态文明建设的原则、目标、路径和模式，科学地界定生态文明建设的重点领域和重点区域，科学地把握生态文明建设的关键环节和重点措施。西昌市在理解生态文明建设总体目标基础上，根据当地具体情况，科学规划了省级环境优美乡镇的核心建设内容，即生态乡镇"7+1"建设模式（"7"指建一个重点新农村、一个农贸市场、一个生态休闲广场、一条示范街、一批垃圾中转站、一批公共厕所、一套长效管理机制；"1"指一套污水处理系统），由此而获得国家环保部的高度肯定。

3. 产业支撑

生态文明建设是全国的行动，在这场建设中，生态文明村、乡、镇都是生态文明的最基本元素，是生态文明建设的基石，只有每一个元素的建设都达标了，才能实现生态文明建设的总体目标。然而，生态文明乡镇的建设如果没有产业支撑，就是一句空话。西昌市充分利用优越的自然条件及区位优势，按照"缩小战线、形成拳头、做大规模、做强优势"思路，大力发展生态农业产业，成功创建无公害、绿色和有机农产品基地37个、特色农业村30个。同时，西昌洋葱、小香葱荣获国家地理标志保护产品，建昌鸭、钢鹅、高山黑猪荣获农业部产品地理标志认证。

4. 群众参与

群众参与不仅是促进生态文明建设的一个非常有价值的附加手段，同时也是避免决策失误的有效工具。通过加强以全社会生态文明意识为核心的舆论宣传力度，形成生态文明建设的浓厚氛围；通过开展形式多样的生态文明建设主题实践活动，形成人人参与的机制；通过建立生态文明建设决策与管理信息公布制度，鼓励群众对生态文明建设决策、管理提供有建设性的意见和监督批评。西昌市在生态文明建设中鼓励群众参与，形成了一套群众自我投入的制度，如在生态乡镇建设中对入户道路、房屋立面改造等方面，鼓励群众自己动手投工投劳，所以群众也就异常珍惜并积极管理自己的劳动成果。

（二）以五大生态体系建设为载体

1. 着力构建生态产业体系

十八大提出要着力推进绿色发展、循环发展、低碳发展，构建生态产业体系是不可或缺的重要一环。西昌市于2010年、2011年连续两届入选中国西部最具投资潜力百县，为生态文明建设奠定了基础，根据西昌市的具体情况，可以从新型生态工业、现代生态农业、生态旅游产业等方面构建生态产业体系。首先，新型生态工业方面，科学规划成凉、经久、太和工业园区产业发展布局，加快传统工业转型升级；着力构建水电八局、晶康生物、思奇香等一大批精密机械加工制造、生物医药、食品等新兴产业；完成好医生、富万利等工业企业生产超标废气废水治理，完成新钢业脱硫和粉尘治理，完成航天水泥厂余热发电工程及再生资源回收专业市场建设。这些项目的完成既能填补西昌市的产业空白，也将成为西昌生态环保建设的新亮点。其次，将现代生态农业与生态旅游产业二者融合发展，利用生态农业的优势资源及品牌效应，促进旅游业由传统观光型向生态休闲型转变。

2. 构建自然资源与生态环境体系

建设生态文明是党中央基于对当今世界能源资源环境瓶颈约束、气候变化异常等问题进行科学分析而制定的一项具有里程碑意义的重大战略对策。要实现这一目标，林业发展至关重要，其不仅是使生态健康发展的重要手段，也是生态产品生产的主要阵地。我国目前仍是一个缺林少绿、生态脆弱的国家，森林覆盖率仅为20.36%，西昌市通过全国森林城市的创建活动，森林覆盖率虽然达到了54.9%，但有些细胞乡镇的建设情况却不尽如人意，尚需进一步改善、提高。除大力发展林业外，还需从水土流失综合治理、水污染防治、大气污染防治、噪声污染防治、农村面源污染治理、紫茎泽兰综合防控、农村新能源建设、农村安全饮水工程、科学施肥与节水灌溉工程等方面加强和完成各项环境的综合整治，以促进生态环境的改善。

3. 着力构建生态人居体系

生态城市是一种发展理念，强调尊重自然、保护环境、和谐幸福。西昌市因拥有得天独厚的气候资源和生态环境，成为了备受追捧的一座亲山亲水型宜居城市，从 2012 年楼市均价突破 8 000 元/平方米的事实足见一斑。为进一步推动建设现代化的生态田园西昌，应主要从优化城市功能布局、美化城市生态景观、完善公共绿地系统、打造生态住宅区、加强城市环保基础设施建设入手，切实开展集中连片综合整治和城市环境综合整治。

4. 着力构建生态文化体系

生态文化是以人为本，协调人与自然和谐相处关系的文化，它反映了事物发展的客观规律，是一种启迪天人合一思想的生态境界，是诱导健康、文明的生产、生活、消费方式的文化。构建生态文化体系首先要开展生态文化教育，培育崇尚自然的文化。将生态文化教育作为全民教育、全程教育、终身教育，采取政府导向、学校教育主导，同时综合利用各类媒体进行普及宣传，营造一种氛围，形成一种力量，使这种理念在每个人心中内化，进而转化成自觉的行动。其次，丰富生态文化载体，培育生态道德。利用将邛海打造成"国际重要湿地"的契机，大力发展湿地文化，同时进一步发展森林公园、自然保护区，建成一批生态文化博物馆、科技馆、标本馆。弘扬生态文化，要从娃娃抓起、小事抓起，通过一点一滴的积累和熏陶，让娃娃们从小养成良好的生态道德和习惯；再通过小手拉大手，促进家庭各成员积极参与生态文明建设。

参考文献

［1］包双叶. 当前中国社会转型条件下的生态文明研究［D］. 华东师范大学，2012.

［2］徐华亮. 低碳转型：生态文明城市建设的发展路径［J］. 城市观察，2012（6）.

［3］甘枝茂，马耀峰. 旅游资源与开发［M］. 天津：南开大学出版社，2008.

［4］刘振礼，王兵. 中国旅游地理［M］. 天津：南开大学出版社，2008.

［5］辛章平. 低碳经济与低碳城市［J］. 城市发展研究，2008（8）.

［6］李劲松. 浅析旅游业在30年中的定位与功能［J］. 当代经济，2009（1）.

［7］魏莉. 基于循环经济的旅游业发展模式研究［J］. 环境周刊，2008（9）.

［8］李敏. 旅游业可持续发展计划书［M］. 北京：当代经济出版社，2009（12）.

［9］马中玉. 城市可持续发展综合研究［M］. 银川：宁夏人民出版社，2005.

［10］罗青. 关于中国生态旅游发展前景的分析［EB/OL］.

http://www.cusdn.org.cn/news_detail.php? id=228861.

[11] 洪湖湿地生态旅游城一期控制性详细规划 [EB/OL].
http://www.davost.com/peakedness/13534851410276213754360130298881.
html.

[12] 岛屿生态旅游策划项目的功能定位 [EB/OL]. http://
www.davost.com/seolm/13596143287910159388144101727607.html.

[13] 毛世英，刘艳菊. 全面理解生态文明与三大文明之间
的关系 [J]. 社会主义研究，2008 (4).

[14] 印开蒲，生态旅游与可持续发展 [M]. 成都：四川
大学出版社，2003.

[15] 钮金华. 我国农村生态环境现状及其保护对策研究
[J]. 太原城市职业技术学院学报，2010 (10).

[16] 袁金坤. 循环经济视角下的旅游经济管理探析 [J].
生产力研究，2012 (10).

[17] 薛蓉莉. 我国生态文明与生态城市建设研究 [D].
成都理工大学，2006.

[18] 郑立. 基于生态文明的西部地区县域经济发展路径探
析 [J]. 经济研究导刊，2012 (11).

[19] 李浩淼. 西南山区生态农业发展模式研究 [J]. 农业
经济，2013 (9).

[20] 李浩淼. 拥有优势资源的民族地区乡村旅游发展问题
及对策研究——以凉山彝族自治州大箐乡白庙村为例 [J]. 西
昌学院学报：自然科学版，2013 (4).

[21] 李浩淼. 西部少数民族地区生态文明建设路径探析
[J]. 林业经济，2013 (4).

[22] 李浩淼. 拥有优势资源的民族地区乡村旅游与新农村
建设互动发展研究 [J]. 林业经济，2012 (5).

[23] 李浩淼，陈梓楠. 民族地区文化生态旅游可持续发展

研究——以凉山彝族自治州为例 [J]. 西昌学院学报：自然科学版，2012（3）.

[24] 李浩淼. 凉山州会理石榴品牌经营研究 [J]. 中国经贸导刊，2010（01）.

[25] 李浩淼. 凉山州烟叶生产的 SWOT 分析 [J]. 安徽农业科学，2011（32）.

[26] 李浩淼. 彝族社区精神文明建设与新生活运动管窥 [J]. 中华文化论坛，2013（5）.

后　记

在本书的撰写过程中，笔者得到了很多人的关心和帮助。

感谢出版社编辑孙婧在本书的编辑出版过程中给予我的热忱帮助、指点和鼓励。

感谢我的先生 吕直 对我的理解与支持。他承担了本书大量的文献资料的搜集、查找及录入工作。先生去世当天还在为本书的修改下载相关资料。

本书最后能得以成文出版，凝结着许多前辈老师和专家学者的心血，承载着许多亲朋好友的鼓励和厚爱以及家人的关心和支持。但是，由于生态文明建设与经济发展关系的复杂性，加之个人水平有限，本书肯定存在很多不足和值得商榷的地方甚至是错误之处，诚望各方赐教与斧正。

李浩淼

2013 年 5 月